最新！未確認動物FILE

●ついに謎の獣人をカメラが捉えた！

ここ数年、アメリカのみならず世界各地で、獣人が頻繁に出没した。これは何かの予兆だろうか？ 写真はカナダ、ブリティッシュコロンビアでバリー・ホフマンが撮影した2足歩行する謎の獣人サスカッチ。

●沖縄にもグロブスターが漂着！

2010年7月ごろ、沖縄県うるま市藪地島の海岸に未知の死塊「グロブスター」が漂着した。長さ6.6メートル、幅4メートルもある巨大さで、腐臭を放っていた。発見時は白色だったが、日がたつにつれて灰褐色に。既知の生物を特徴づける痕跡は何ひとつ残されていなかったという。

●ドイツに蛾男モスマン現る！

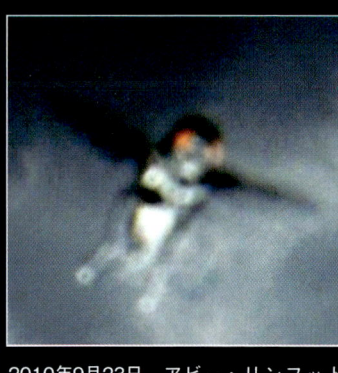

2010年9月23日、アビー・リンフットが旅行中のニュルンベルクで撮影したスナップ写真。あとで気づくと、大きな翼をもち、巨大な昆虫を彷彿とさせる飛行生物が映り込んでいた。その姿形から、ドイツに蛾男モスマンが出現したと話題になっている。

●アメリカでビッグフット目撃事件が多発！

2011年3月22日、ノースカロライナ州のルザフォードをトマス・バイヤースがドライブ中、道路を横断する謎の獣人を目撃し、ビデオ撮影に成功した。映像は、わずか4秒ほどだが、2足歩行する獣人ビッグフット（ノビー）の姿が確かに映っていた。

●ネッシーは生きている!

2010年11月26日、イギリスのネス湖で、このところ消息が途絶えていたネッシーらしき水棲獣の姿が地元ニュースで公開された! カメラ付きの携帯電話で撮影されたネッシーは、光線の加減で白色に光っている。撮影者のリチャード・プレストンはネッシーだと確信しているという。

●監視カメラがスティックマンを激撮!

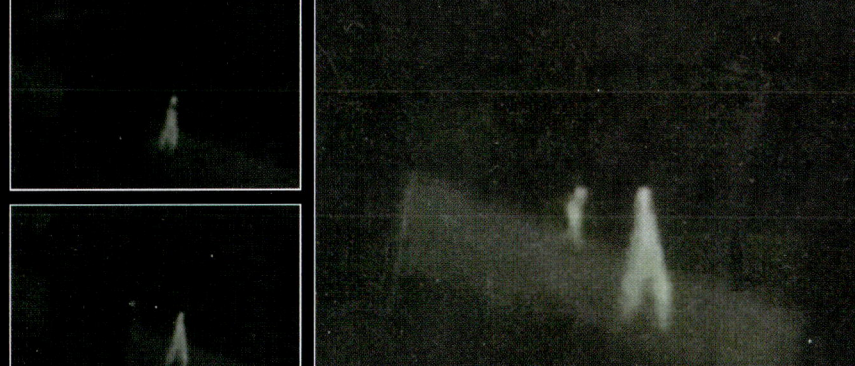

2011年3月28日、ヨセミテ国立公園の監視カメラが、深夜の2時ごろに奇怪な2体の生物「スティックマン(ナイト・クローラー)」の姿をとらえていた。ゆっくりと2足歩行する謎の生物だ。胴体がなく、頭部と足だけの生き物で、箸やコンパスのような姿をしている。

最新！未確認動物FILE

●謎の獣人スワンプ・モンスターが出現！

2010年11月30日、ルイジアナ州南部のバーウィックの森でシカ狩りをしていた人物が、奇妙な写真を撮影した。人間というにはあまりに異様な姿だが、いまのところフェイクである証拠は発見されていない。未知の獣人がルイジアナの森に住んでいるのだろうか？

●幻獣ユニコーンが姿を現した!?

2010年10月、ヨーロッパで伝説上の一角獣ユニコーンとおぼしき動物の姿がビデオカメラで撮影された。頭に長い角が生えた白馬が確かに通過していくのだ。ほんの一瞬の出来事である。フェイクか否か、目下、映像の検証が進められているという。

【決定版】
最強のUMA図鑑
THE GREATEST GUIDE TO CRYPTOZOOLOGY

並木伸一郎 [著]

目次 contents

- 最新！未確認動物FILE ── 3
- まえがき ── 9
- ●カラーSpecial●
  これが氷漬けの獣人だ！ ── 10
- Part1 陸の未確認動物 ── 17
- Part2 日本の妖怪ミイラ ── 77
- Part3 獣人学データ ── 87
- Part4 陸のUMA事件 ── 105
- Part5 水の未確認動物 ── 119
- Part6 水棲獣学データ ── 167
- Part7 空の未確認動物 ── 183
- Part8 異次元の未確認動物 ── 203
- Part9 空のUMA事件 ── 215
- Part10 巨大獣データ ── 229

●まえがき

　ＵＭＡ(Unidentified mysterious Animal＝未確認動物)界に新たな動きが出ている。環境の変化の影響によるのか、アメリカでは獣人ビッグフットが多発しはじめ、同時に湖や川で水棲獣がうごめきだした。ＵＭＡ目撃者も急増している。

　そればかりではない。携帯電話の普及で、これまで伝説でしか語られてこなかった湖や川に棲息するＵＭＡの姿が、実際に撮影されはじめている。それがインターネットを通じて、リアルタイムで動画や写真という形で公表されているのだ。

　すでに「ＵＭＡ＝未確認動物」が、"存在するか否か"、と論じている時代ではなくなっている。正体や実態こそ不明だが、ＵＭＡの実在は疑いようがないのだ。それどころか、ここ数年、既知のＵＭＡ以外にも新たなＵＭＡが出現しはじめている。ＵＭＡも年々進化して姿形を変えてきているといっていいだろう。

　本書は、そうした世界のＵＭＡ最新情報と動向、過去の貴重な事件、さらに事件にかかわる逸話も記されている。加えて代表的なＵＭＡの図鑑も併せて載せてみたので、ご堪能いただきたい。

　謎につつまれたＵＭＡの正体――

　その答えは、捕獲を含めた鮮明な画像など、ハードエビデンスがいつ入手できるかにかかっているのだ！

並木　伸一郎

フェイクか、それとも実物だったのか？
これが氷漬けの獣人だ！

隠棲動物学の父ベルナール・ユーベルマンが遺した

これまでの研究成果は、フランスのローザンヌ動物博物館に移管されて今に至る。

そんな膨大な未確認動物に関するユーベルマン研究の中でも、

もっとも強烈かつ鮮烈な印象を放つのは

「氷漬けの獣人＝ミネソタ・アイスマン」だろう。

だがしかし、獣人はその後、捏造＝フェイクであると所有者が告白し、

追跡調査もないままに、獣人とともに姿を消してしまう──。

詳しくは、本書をご覧いただくとして、はたしてこの獣人が

本当にフェイクだったのか否か、あなたの目でご覧いただきたい。

そこで、同博物館のご好意により特別に可能になった、

「ミネソタ・アイスマン」のカラー実写真を

ここに掲載する！

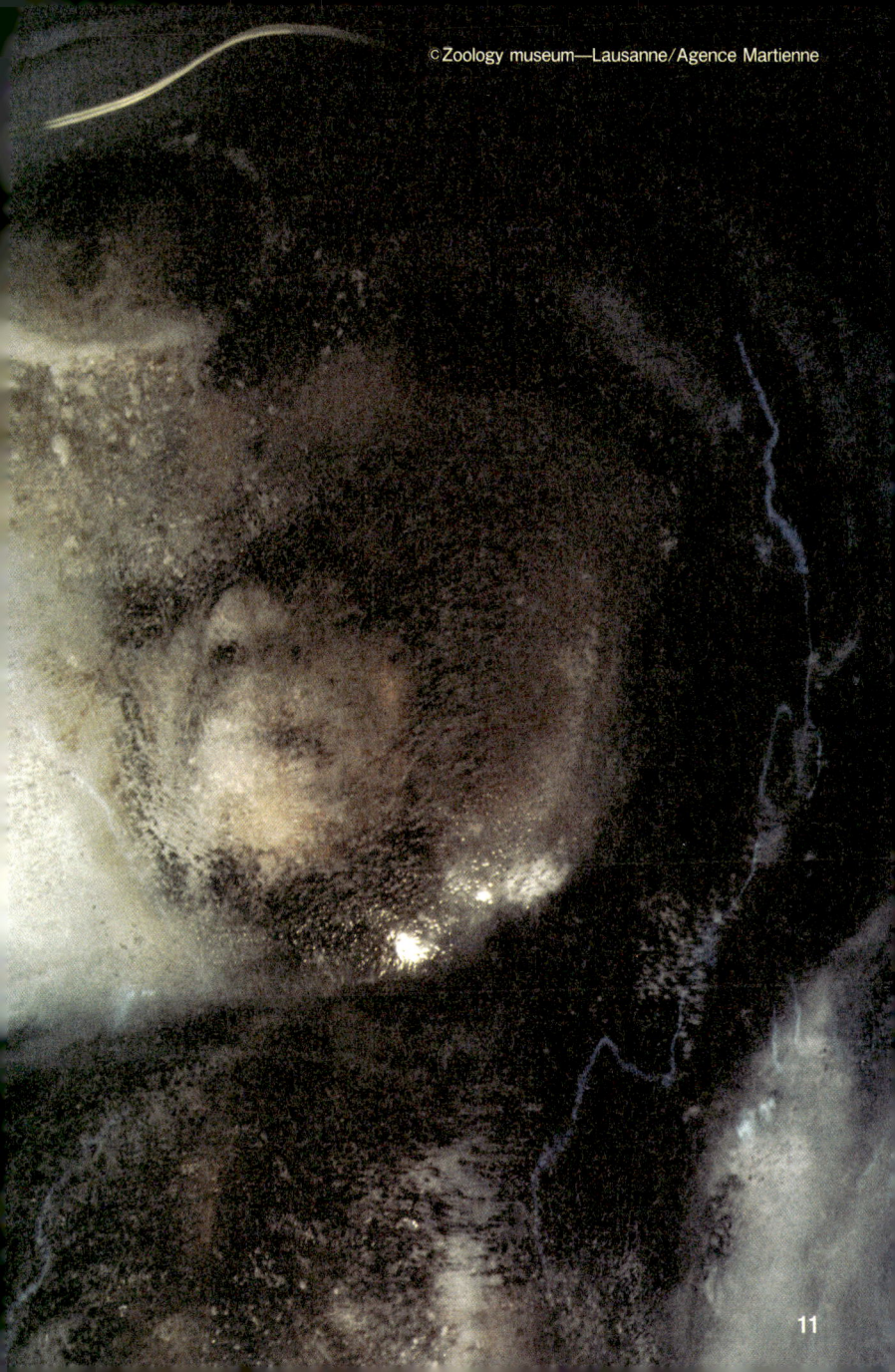

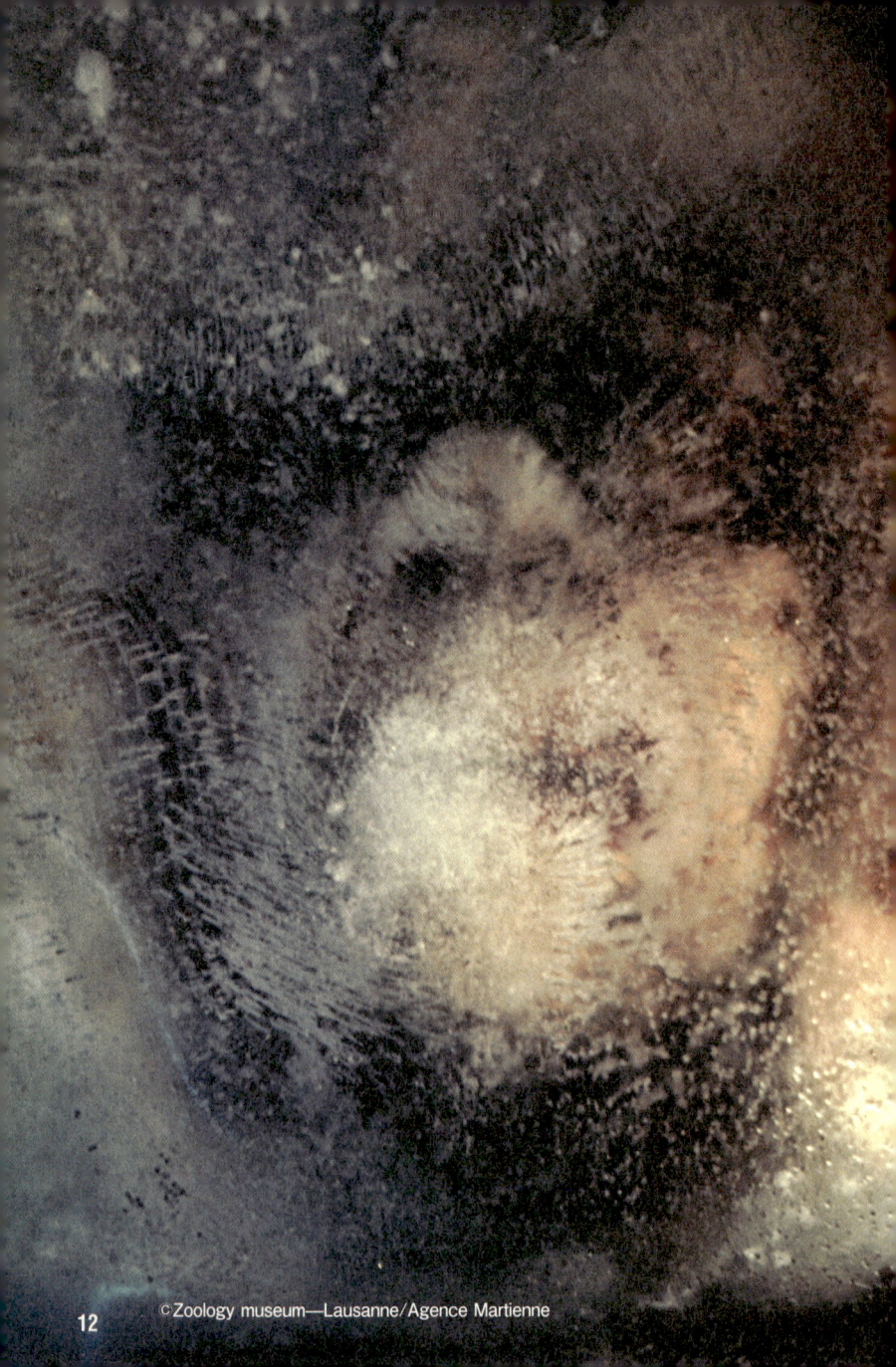
©Zoology museum—Lausanne/Agence Martienne

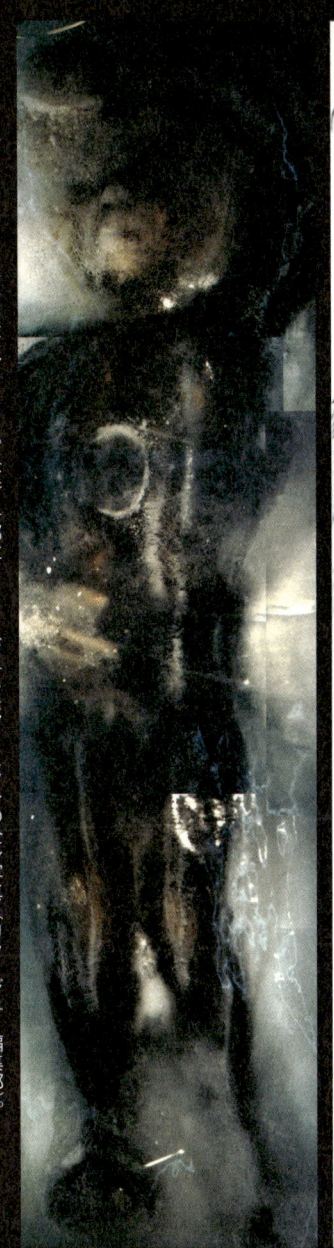

◀▶（右）ユーベルマンによる全身の再現イラスト。（左）各部位をコラージュしたアイスマンの全身写真（コラージュ＝編集部）。◀アイスマンの頭部。死に際の表情か、それとも単なる模倣品でしかないのか……？

©Zoology museum—Lausanne/Agence Martienne

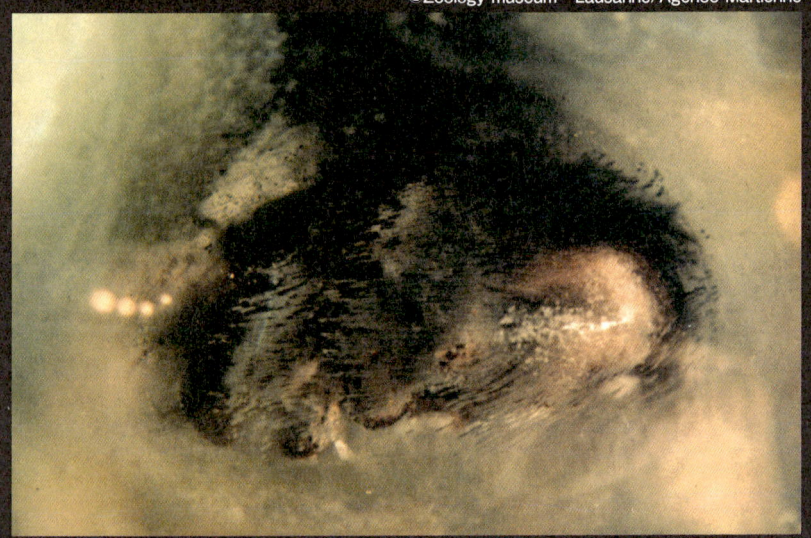

©Zoology museum—Lausanne/Agence Martienne

右足の爪先。親指の周囲だけ、体毛がないのがわかる。

©Zoology museum—Lausanne/Agence Martienne

獣人の胸毛。部分

©Zoology museum—Lausanne/Agence Martienne

顔を見る位置が少し変わっただけで、表情がガラリと変わる。眉間のしわ、大きな鼻から苦悶の表情が読み取れる。

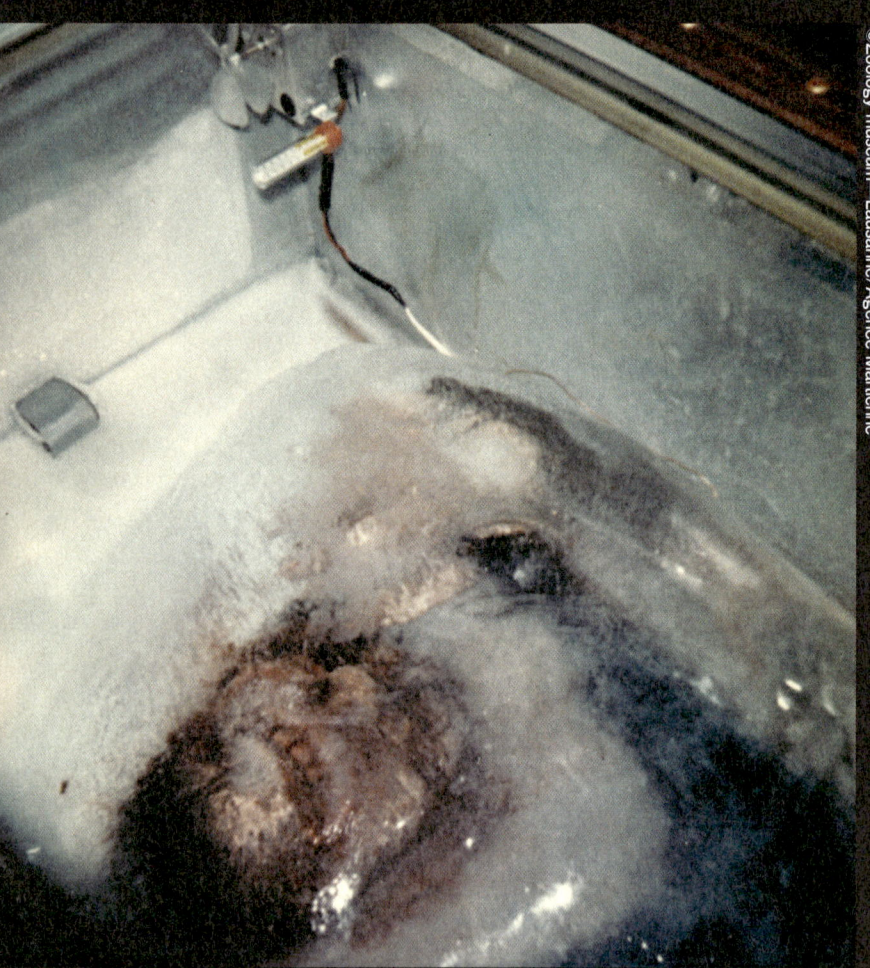

アイスマンの冷却装置。うがった見方をすれば、氷に覆われていたからこそ、真実はヴェールに包まれていたともいえる。だが、仮にこの獣人が偽物だったとすれば、学者たちのみならず、世界をどうやってだますことができたのだろうか……すべてが謎のままである。

第1章
陸の未確認動物

ビッグフットは世界中で目撃されている！
秘境には未知の化石人類がいる？
最新の獣人から謎の奇獣まで
人知れず陸を歩くUMAの大百科！

最強のUMA図鑑

●森の怪人● スワンプ・モンスター

▲新しい獣人だろうか？

DATA　**Swamp Monster**
- ★アメリカ、ルイジアナ州
- ★2010年11月／サイズ不明
- ★エイリアン／未知の霊長類

アメリカ、ルイジアナ州のモルガン郊外の森で奇妙な写真が撮影された。両手両足を地面について歩く奇妙な怪人が写っていたのだ。撮影したのはシカの狩猟に出ていたハンターの男性だ。といっても、自動センサー式のシャッターのため、現場には居合わせなかったという。朝になって現場に行くと、デジタルカメラは破壊されていたが、無事だったメモリーカードにこの怪人が写りこんでいた。やはり、エイリアンだろうか？

●ロシアの最新獣人● ビッグフット（クリミア山中）

2011年3月、YouTubeに興味深い映像が流れていた。ウクライナのクリミア山中にビッグフットが出現したというのだ。撮影者はピクニックに来ていたのだが、その中の人物がビデオ撮影に成功した。ご覧のとおり、手ぶれが激しいせいで、われわれがビッグフットの細部を判別することはほとんどできない。ただ、腕が長く、歩幅が大きいことはわかる。獣人は何かを追うように足早に過ぎ去ってしまった。撮影者の言葉が事実だとすれば、ロシアの獣人アルマスの仲間かもしれない。

▲森の奥へと大股で歩き去っていったクリミア山中のビッグフット。

●新種の樹上棲獣人● 樹上のビッグフット

陸の未確認動物

　2010年の年明け早々、驚くべき映像が公開された。かなり背の高い樹木の上に毛むくじゃらの生物が写っている。場所はアメリカ、メイン州ミルバレーの森林地帯で、散策中の人物が撮影したという。拡大された写真を見ると表情こそわからないが、普通のサルではなさそうだ。ビッグフットというには小柄だが、もしビッグフットだとしたら、木に登る習性を示唆する初の映像ということになる。ひょっとすると、ビッグフットは環境に合わせて進化しているということなのだろうか？

DATA
★アメリカ、メイン州
♠2010年目撃／サイズ不明

▲木の上にいたビッグフットの拡大。残念ながら鮮明な表情まではわからない。

▲20メートルはあろうかという高い木の上にいるのを別にすればゴリラのようにも見える。

最強のUMA図鑑

●代表的な獣人UMA● ビッグフット

アメリカ、カナダの山岳地帯を中心に棲息する巨大獣人。カナダではサスカッチと呼ばれる。常に直立2足歩行し、性格は無害でおとなしい。目撃例が膨大な点で他のUMAを圧倒する。初の目撃は1810年で、オレゴン州ダレス付近のコロンビア川沿いをデビッド・トムソンが旅行中、見たこともない巨大な足跡を発見した。長さ約42センチ。これがビッグフットの足跡目撃第1号だ。真贋論争は捏造説が優勢だが、膨大な目撃情報と写真や足跡が獲得されているだけに実在の可能性は高い。

DATA　　　Bigfoot

- ★アメリカ・カナダの山岳地帯
- ♠1810年目撃／約2・5メートル
- ♣ギガントピテクスなど

◀1967年に映画フィルムで撮影された「パターソン・フィルム」。捏造とされたが、それを疑う研究家も少なくない。

▶1982年、ワラワラ森林警備隊員のポール・フリーマンがオジカを追跡していると、体長2メートルほどの赤褐色の怪物に遭遇。複数の巨大な足跡や指紋までもが見つかり、ビッグフット研究に拍車をかけた。

▲1996年、ワシントン州スノクアルミー国立森林公園内で、森林警備隊員が撮影した鮮明なビッグフット。

陸の未確認動物

獣人の幼体 ジェイコブズ・クリーチャー

　場所はアメリカ、ペンシルバニア州のアレゲニー国立公園内。ここで秋のシカ狩りシーズンに備え、ハンターのリック・ジェイコブスはシカの行動をチェックするために自動カメラを設置していた。すると2007年9月16日午後8時ごろ、自動カメラに奇妙な小型の獣人が映りこんでいた。全身毛むくじゃらの小柄な未知動物だ。調査研究機関(BFRO)による分析では、当初、皮膚病を患ったクマ説と、霊長類説が主流を占めたが、やがて身長150センチ以下の「若いビッグフット」の可能性が浮上した。成獣は2足歩行だが、逆に着ぐるみの可能性も高くなり信憑性に欠ける。だが、このジェイコブズ・クリーチャーは4足歩行もしており、未知の生物であることは間違いない、そう主張しているのだ。

▲(上)シカ用の誘引剤に寄ってきたクマ。(下)頭部は隠れてみえないものの、正体不明の動物。
▼この瞬間は、2足歩行する獣人にも見える。

DATA　　Jacob's Creature

★アメリカ、ペンシルバニア州
★2007年発見／150センチ以下
★ビッグフット／クマなど

●トレイルカメラが撮影● ビッグフット（ワシントン州）

アメリカ、ワシントン州にあるマウントフッド国立森林公園の山中に設置されたトレイルカメラに、ビッグフット、あるいはサスカッチとおぼしき怪物が映り込んでいた。2006年ごろから数回にわたり、その黒褐色の毛に覆われた、ずんぐりとした謎の生物が森の中を歩いていたのだ。研究家によればビッグフットの可能性が高いというが、今後も人の気配を感じさせないトレイルカメラのおかげで、よりたくさんのビッグフットデータが集まるのかもしれない。

◀別々の日に撮影されていたビッグフット。

●同地で目撃が多発！● ビッグフット（オクラホマ州）

2006年5月28日。オクラホマ州アントラーズの北にあるキアミーチ山中で、白昼、ビッグフットが姿を現した。写真は狩猟用にセットされたカメラがとらえたもので、目撃者はいなかった。人の気配が感じられないせいだろうか、体長がかなりあるビッグフットが悠然とした立ち居振る舞いで木立をぬって歩いていき、視界から消えていく。キアミーチ山中のどこかに、ビッグフットのすみかがあるのだろうか？

◀オクラホマに頻出するビッグフットたち。

●西欧の獣人● ルクセンブルクの野人

ヨーロッパにも獣人が現れたという現象は興味深いので紹介しておこう。2002年の冬、匿名の人物によって撮影された「ビッグフット」、あるいは「野人」とおぼしき獣人が歩く姿が、なんと西ヨーロッパはルクセンブルク大公国で撮影されていた。撮影者が森林の中を撮影しながら散歩していると、目の前に巨大な人影が見えてきた。だが、その気配に気がついたのか、獣人はすぐに林の中へ消え去ってしまった。獣人らしき特徴こそ映像からはわからないものの、足型などの証拠も確認すべきだったといえるかもしれない。

◀雪道を足早に歩く謎の獣人。

●トレイルカメラが撮影● ビッグフット(ミネソタ州)

2009年10月24日、アメリカ、ミネソタ州リマーの森林で、動物を視察するために設置された無人センサーカメラ「トレイルカメラ」が、夜の森を歩く怪物の姿をとらえた。当日は雨が降っていて、怪物の濡れた体の毛が黒光りしているのがわかる。残念ながらm写真は怪物の後ろ姿をとらえただけで、この写真からわかるのはそれだけだが、2足歩行する大柄の怪物はやはり、ビッグフットなのか。

▲夜の森を歩く謎の獣人。

●伝説の一角獣● ユニコーン

陸の未確認動物

　2010年10月、ヨーロッパの伝説上の動物「ユニコーン＝一角獣」とおぼしき動物の姿が、カナダ、オンタリオ州トロントの山岳地帯ドンバレーにおいて、ビデオカメラで撮影された。撮影者は偶然、付近でバードウォッチをしていた人物。謎の生物がカメラに映っている時間は短い。なお、映像は光学専門のオンタリオ科学センターに提出され、今後、さらに目撃情報を集めることになっているという。一方、2007年11月3日にはスイスの山中でもユニコーンらしき生物が偶然ビデオカメラで撮影されている。ハイキングに訪れていたカップルが、眼下を流れる川の対岸にそびえる風景を撮影したものだ。ズームアップした瞬間に一角獣が写るのだが、次の瞬間には木陰に隠れてしまう。いまだ実在が確かめられていない、これらの正体は何だろうか？

▲2007年、スイス山中で撮影されたユニコーン。

▲画面右から左へ向かう一角獣「ユニコーン」。2010年にオンタリオ州で撮影。

最強のUMA図鑑

●ヒマラヤの雪男● イエティ

　1889年、インドのシッキム州北東部の標高5200メートル地点で、L・A・ウォーデルが大きな足跡を発見し、イエティの存在が明らかになった。世界各地のイエティ調査団が派遣され、足跡の検証やヒマラヤのパンポチェ寺院に奉納されているイエティの頭皮などの学術調査が実施された。その後もイエティの足と見られるミイラ化したものも発見されているが、X線検査で既知の生物のものではないことが明らかになったという。その正体はチベットヒグマなのか、あるいはギガントピテクスのような化石人類なのか？

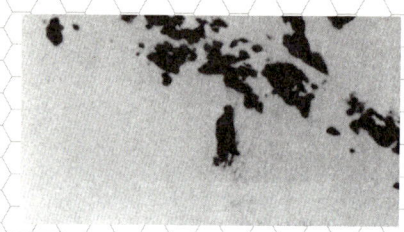

▲（上）1986年、アンソニー・ウールドリッジが撮影した獣人。（下）1996年にビデオ撮影された雪男。

 **Yeti**

★ヒマラヤ
♠1889年目撃／1.5～4.5メートル

▶（上）1951年11月、エベレスト遠征隊のエリック・シプトンが発見したイエティの足跡。（下）チベットのポンゴマチェ寺院に伝わるイエティの手。▼ヒマラヤのパンポチェ寺院に奉納されているイエティの頭皮。

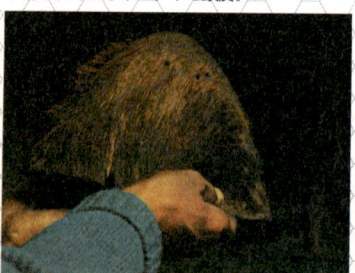

陸の未確認動物

▲ヒマラヤ一帯では、極寒の環境でも生き物たちはたくましく生きている。
イエティもまた人知れず山中の奥でひっそりと生き残っているのかもしれない。

最強のUMA図鑑

●ヒト型モンスター● ウクマール

▼ミイラ化したウクマールの頭骨。サルにも似ているが、鋭い牙が突き出ている。

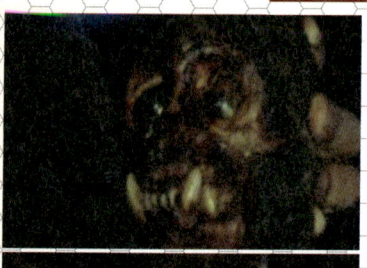

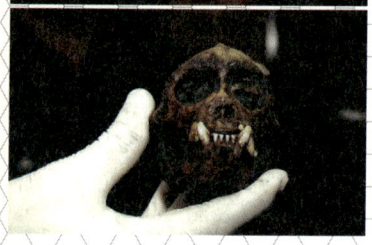

　2010年7月23日、アルゼンチンの牧場で全身を黒い毛で覆われた直立2足歩行するヒト型モンスターが出現。それを射殺した牧場主によれば、これは伝説の獣人で、ウクマールというらしい。牧場主が翌日、この怪物の死体を入れておいたバッグを改めて見ると、緑色の目と鋭い牙をもった長さ15センチほどの怪物の頭部だった。

DATA　　　　　　　　Ucumar
★アルゼンチン、アンデス山脈
♠1958年目撃／60〜70センチ

●獣人の親子● サスカッチ（ヴァンクーバー）

　カナダでは、ビッグフットのことを「サスカッチ」と呼んでいる。未知動物研究家ランディ・ブリソンによって2010年3月、そのサスカッチがバンクーバーのピト湖で撮影された。きっかけは、ランディと息子のレイが、雪原に大きな足跡と小さな足跡を発見したことだった。足跡を追跡していくと、森の木の間から顔をのぞかせていたサスカッチを発見し、急いで撮影したという。だがその後、サスカッチの親子が投石してきたので、追跡は断念したという。

▲木の間から顔をのぞかせているサスカッチ。

●甲高い声を発する獣人● ノビー

　アメリカ、ノースカロライナ州クリーブランド郡北部に棲むという伝説の獣人。類人猿のように毛深く、雄ゴリラのように頭が丸く、先端はトサカのようであるという。2009年6月5日、同地に住むティモシー・ピーラーは明け方近くの3時ころ、このノビーに遭遇したが、威嚇して追い払ったという。さらに2011年3月22日には、同州ルザフォードで道路を横断したノビーの姿が目撃されている。いま、ノビーの活動が活発化しているのだ。

 **Nobby**

★アメリカ、ノースカロライナ州
♠2009年／1.8～3メートル

▲(上) 2009年にノビーを目撃したティモシー・ピーラー。(下) ピーラーによるスケッチ。
▼2011年3月、ノースカロライナ州ルザフォードに再び出現した獣人ノビーは、別の人物によっても目撃された。

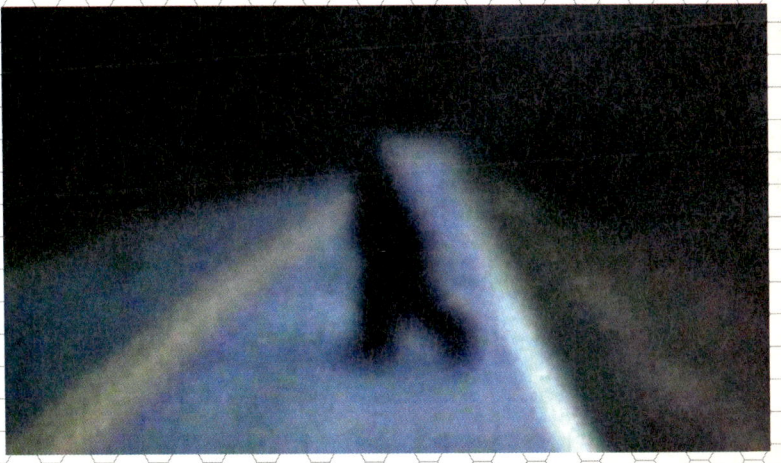

●中国の獣人UMA● イエレン

中国湖北省の神農架を中心とする山地で1970年代に目撃が多発した獣人イエレン（野人）。身長は1.8〜2メートルで、全身が黒みがかった赤い毛で覆われている。2007年にも2体の獣人が目撃され、出現が相次いでいる。写真は撮られていないが、1983年には手足の存在が、2007年には体毛らしきものが発見されて分析が進んでいる。かつてこの地に棲息していた化石霊長類ギガントピテクスが進化したものだろうか？

▲1957年、浙江省で射殺されたイエレンの手足。1983年になって公開された。

DATA　　　　　　　　　　Yeren
★中国、湖北省
♠1940年ごろ／1.8〜2メートル
♣ギガントピテクス

▼後に取り消されたが、1980年に湖北省委員会が出したイエレン捕獲の布告。

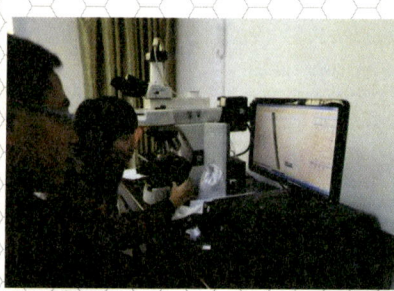

▲2007年に採取されたイエレンの体毛は「未知のもの」であると2010年11月に発表された。

●赤ん坊か!? ビッグフットのミイラ

体長わずか17.5センチという謎めいたミイラが、たまたま森の中でビデオ撮影していた人物によって発見されたそうだ。まるでビッグフットの容貌である。場所は、ペンシルバニア州グリーンズバーグということ以外、残念ながら、詳しい情報がわかっていない。さらに、所有者が専門家の鑑定を受けようとしたところ、ミイラは行方不明になってしまったという。

▲森林の中で発見されたときの様子。枯れ枝の中に隠れていた。
◀ミイラは当初、発見者が保管していた。

●「世紀の大発見」!? 冷凍ビッグフット

2008年8月15日、アメリカ、カリフォルニア州パロアルトから世界に向けて驚愕のニュースが発せられた。なんと、ジョージア州北部の森林地帯でビッグフットの死体が発見されたというのだ。身長210センチ、体重は200キロ強あり、驚いたことにDNA鑑定も済んでいるというのだ。記者会見では、マシュー・ウィットンとリック・ダイアーによって2枚の写真が公開されただけだったが、その後も詳しい情報が待ち望まれていた……（詳細は次章）。

▲世界に向けて公開された冷凍ビッグフット。

DATA
★アメリカ、ジョージア州？
★2008年公開／2.1メートル

陸の未確認動物

最強のUMA図鑑

●ボルネオの獣人 パロン山の獣人

▲パロン山に出る怪物のイラスト。
▶2008年に発見された巨大な足跡。

DATA
★ボルネオ島　♣ギガントピテクス？
♠1950年代目撃／3〜7メートル

2008年6月9日、ボルネオ島北西部の村で巨大な足跡が発見された。長さ1・2メートル、幅40センチ。推定身長7メートルの巨人のものだというのだ。イタズラではないかとも指摘されたが、本物だと信じる住民は否定。実は50年前にも同じ事件があったのだ。また、1983年にはボルネオ島西部のパロン山で村人が3メートルを超す獣人に遭遇。怪物は「ゲ、ゲ、ゲ、ゲ」と奇声を発しながら、2本足で森に逃げたという。

●山を降りたイエティ● マンデ・ブルング

2007年6月、インド北東部メガヤラ州ガロ山地のジャングルで、相次いで村人が謎の獣人を目撃。マンデ・ブルングとは現地で「森の男」の意味だが、目撃者のひとりによれば茶褐色の毛が全身を覆い、まるでイエティそのものだという。ゴリラの誤認説もあるが、この地にゴリラは棲息していないという。ヒマラヤのイエティがここに移住したのだろうか？

▲アチク観光協会がガロ山地を調査したときに発見したマンデ・ブルングらしきものの足跡。◀目撃者によるマンデ・ブルングのスケッチ。

●湿地帯の獣● ハニー・スワンプ・モンスター

1963年、森林地帯が広がるルイジアナ州ハニーアイランド沼へ狩猟に出かけたハーラン・フォードは、沼の奥の元キャンプ場で、異臭とともに出現した4体の怪物と遭遇。銃の引き金を引くと、怪物たちは沼の中に姿を消した。地面には3本指の足跡が残っていたので石膏型をとり、怪物の実在を証明した。異次元から来た動物なのか、ビッグフットの仲間なのか、いまだ決定的な説は出ていない。

▶足跡の石膏型。▼2001年に出現したハニー・スワンプ・モンスターの再現イラスト。

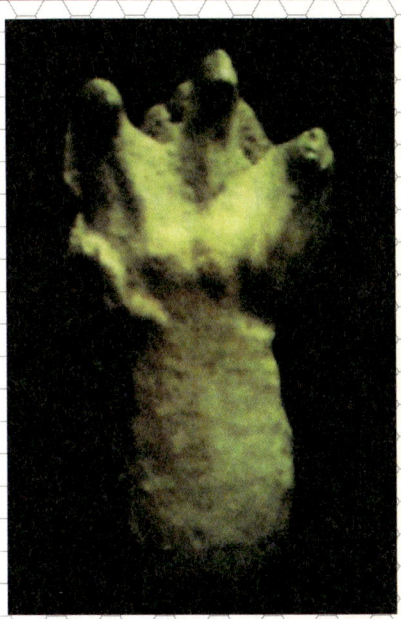

▲あやしげな雰囲気が漂う、ハニーアイランド島の沼沢地。

DATA — Honey Island Swamp Monster
★アメリカ、ルイジアナ州
♠1963年目撃／1.5～2メートル
♣突然変異／異次元生物など

最強のUMA図鑑

●雪山の影● シルバースター山の獣人

2005年11月17日、アメリカ、ワシントン州スカマニア郡のギフォード・ピンチョット国立森林公園内にあるシルバースター山の尾根に獣人サスカッチらしき怪物が出現し、その姿がカメラで撮影された。午後4時ごろ、シルバースター山を登山していたリック・コーターは、山頂から南に目をやった。すると、初めは岩かと思ったが、よく見ると全身毛むくじゃらの怪物であることがわかったという。獣人はその後、写真の丘を下って、姿を消してしまった。

DATA
★アメリカ、ワシントン州
♠2005年／サイズ不明

▲シルバースター山で撮影されたサスカッチ。上の写真はそれぞれ、下の写真の拡大だ。

●ブラジルの怪人● バヒア・ビースト

写真は公表されたときよりも、かなり先に撮影されていた。ここは2007年7月、南米ブラジル、バヒアのポートセグロの川である。撮影者はミシガン州から観光ツアーで当地に来ていた15歳の少女だ。遠巻きから撮られているため、詳細を読み取るのは難しいが、頭には角が生えている。全身に黒いなめし革のような光沢がある。手には何かを抱えている。魚だろうか……いや、もしかしたら怪物の子供なのかもしれない。その後、怪物がどうなったのかは誰も知らない。

▲バヒア・ビーストとその拡大写真。

●悪臭怪人● フォウク・モンスター

アメリカ、アーカンソー州フォウク地区のボギークリーク周辺で、特に40年代以降に出没しだした悪臭をふりまく獣人。98年に目撃例が増加すると、2005年、自宅の居間にいたジーン・フォードが窓の外に真っ黒な怪物を発見。夫のボビーは1・8メートルほどの怪物が窓際を離れるのを目撃した。このときも腐臭が漂っていたという。

DATA　　　**Fouke monster**
★アメリカ、アーカンソー州
♠1940年代／1.8〜2.3メートル

▲(左) 証言をもとに描いた想像画。(右) 1970年代にボギークリークで撮影された悪臭がする怪物。

●オーストラリアの巨大な獣人● ヨーウィ

オーストラリア、ニューサウスウェールズ州沿岸からクイーンズランド州ゴールドコーストにかけた一帯に棲息するという直立２足歩行の獣人。特に、1970年代にはシドニー西方のブルーマウンテン周辺で目撃が多発。1980年には、ついに毛むくじゃらの怪物がゆっくりと歩く姿が写真に撮られた。最新目撃は2006年で、木立に寄り添う毛むくじゃらの獣人や山道を歩く姿が目撃されている。オーストラリアにいた化石人類メガントロプスが、進化せずに現代まで生き残ったのだろうか？

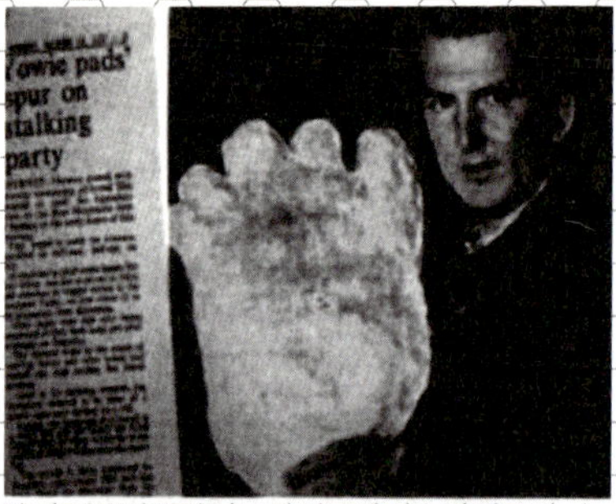

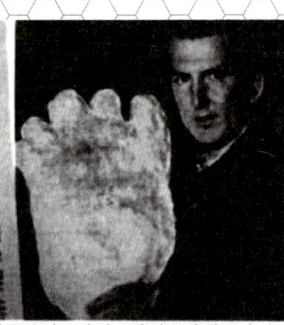

▲（上）ヨーウィ研究の第一人者レックス・ギルロイがもつヨーウィの巨大な足型。（下）1980年8月3日、史上初めて撮影されたヨーウィ（ニューサウスウェールズ州）。茂みの中を立ち去るところで、前屈姿勢になっている。

DATA　　　　　　　　　　　　Yowie
★オーストラリア
♠1914年ごろ目撃／1.5～3メートル
♣メガントロプス／カンガルー誤認など

◀1912年に目撃されたヨーウィのスケッチ。ゆうに3メートルを超しそうな巨人である。

陸の未確認動物

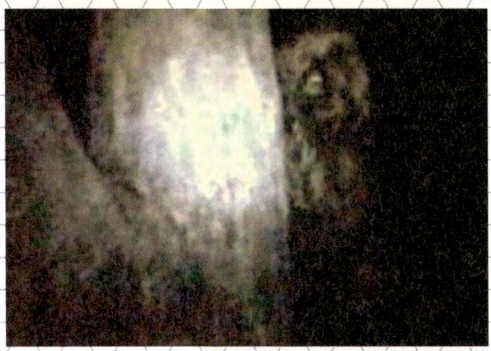

◀2006年6月24日、木立に寄り添う毛むくじゃらの獣人がビデオ撮影された(ニューサウスウェールズ州)。立木などの関係から、2メートル以上はあることが判明している。

▶2009年8月26日、ニューサウスウェールズ州のピリガ地区で、高校生を乗せたスクールバスを急襲したヨーウィ。ヘッドライトを浴びると、体長2メートルの毛むくじゃらの獣人が驚いたせいか、バスを引っ掻くような仕草をしてから逃げ去った。

◀2006年9月、ビクトリア州ヤーランで目撃・撮影されたヨーウィ。だがこの小ささは獣人の子供だろうか。

最強のUMA図鑑

●異臭を放つ獣人● スカンクエイプ

▶問題となったミヤッカのスカンクエイプ。

　フロリダ州周辺に出没して強烈な刺激性のある異臭を放つ。1942年ごろからフロリダでは獣人が目撃されているが、実在を裏づける近接写真が2000年にミヤッカ国立公園がある州道沿いで撮られた。その真偽をめぐって大きな波紋を投げかけた写真だが、これがきっかけとなって多数の目撃証言や写真が寄せられることにもなった。動物園から逃げ出したオランウータン説や新種のサル説が提示されているが、この強烈な異臭を説明できる納得のいく仮説は出されていない。

DATA　　　**Skunk Ape**
★アメリカ　♠1942年／2メートル
♣オランウータンなど

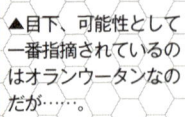

▲目下、可能性として一番指摘されているのはオランウータンなのだが……。

©TopFoto/Aflo

●鉤爪の3本指● グラスマン

アメリカ、オハイオ州を中心に目撃される獣人。知能が高く草（グラス）でねぐらをつくることから、この名前がつけられた。1988年、同州アクロンに住むアトキンス父子は、森林地帯で何度もグラスマンを目撃した。その証言に基づいてUMA研究グループが調査を行うと、グラスマンのねぐらや3本指の巨大な足跡を発見した。さらに、グラスマンは集団で行動していることも。同地はUFO多発地帯であり、その正体はエイリアン・アニマルか霊的な存在かもしれない。

▶（上）1995年に調査で足型を採取したクラビソンとクック。
（下）証言に基づくグラスマン。

DATA
★アメリカ、オハイオ州など
♠1988年目撃／2〜3メートル

陸の未確認動物

●イエティの仲間か!?● ルーマニアの獣人

2008年2月、ルーマニア、ヴァレンシア山中に出現した獣人。まだ雪が残る山道で、木の棒を引っ張って歩いていく姿が撮影された。ツヤのよい茶褐色の毛に覆われているが、撮影者も含めて詳細は不明だ。同月、モルタビア地方のブランチャでも、これとよく似た獣人が撮影されている。これまでヨーロッパ系獣人の報告はほとんどなかったが、実在の可能性が高まっている。

◀獣人は撮影者に気づきながら、驚かずに悠然と歩いているように見える。

最強のUMA図鑑

●アルビノ獣人● ホワイト・ビッグフット

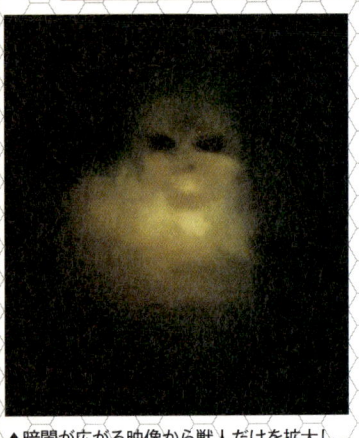

▲暗闇が広がる映像から獣人だけを拡大したもの。その正体はまったく定かでない。

　2010年1月10日、ネットの動画サイトで白い獣人の姿が公開された。公開したのはアメリカ、ペンシルバニア州カーボンデールにマイホームを購入したポール・デニス。裏庭は森林が隣り合っているのだが、住みはじめてみるうちにそこから奇妙な喘ぎ声が聞こえてきたという。「ゼー、ゼー、ゼー」という呼吸音だ。裏庭に出て確かめにいったが何もいない。異臭だけが漂っていた。撮影当夜、携帯カメラをもって裏庭に出ると森の中に淡い色に輝くこの獣人が写ったという。

●伝説の獣人● タトラ山のイエティ

　東ヨーロッパのポーランド南部にはイエティが棲息すると噂されるタトラ山地が広がっている。2009年8月、そのタトラ山地で、イエティが岩場を歩く映像が撮影された。撮影者はワルシャワ在住のビョトール・コワルスキーだ。獣人は、撮影者の存在に気がつくと、岩陰に姿をくらましてしまった。実は、同じ時期にタトラ山地周辺では、イエティ出現が相次いでいる。異常気象のせいか、あるいは生活圏が脅かされているのだろうか。

▲岩に手をかけて、逃げるように立ち去った全身毛むくじゃらの怪物。

●日本の獣人● ヒバゴン

1970年9月、「中国山脈の奥深く、類人猿が出没！」という新聞のニュースが報じられた。広島県東部の比婆山一帯に謎の獣人が出没したというのだ。足跡のみならず、12件の目撃事件が報告されると、地元町役場は「類人猿対策委員会」を設置。獣人は比婆山の名をとって「ヒバゴン」と命名された。だが、1982年に姿を現したのを最後に、残念ながら目撃は途絶えたままである。ちなみに日本ではこれ以後、1980年に広島県山野町でヤマゴンが、1982年には、広島県久井町でクイゴンが、1992年には岩手県山形村にガタゴンが出現した。いずれも足跡や目撃報告などの証拠は集められたものの、正体はわからずじまいだった。UFOから落とされたエイリアン・アニマル、密輸入された類人猿などさまざまな説が提示され話題を呼んだ。

▲1974年に初めて撮影されたヒバゴンの写真。

DATA
★広島県庄原市　♣化石人類など
♠1970年目撃／1.5メートル

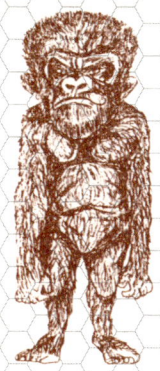

◀ヒバゴンの目撃再現イラスト。頭が逆三角形になっているのが特徴だ。▶72年から国道183線沿いに立つ旧西城町のシンボル。

陸の未確認動物

最強のUMA図鑑

●氷漬けの獣人 ミネソタ・アイスマン

　1967年から翌年にかけて、イベントの見世物としてアメリカ全土で公開された氷漬けの獣人。動物学者のアイヴァン・サンダースンとベルギーの著名な動物学者ベルナール・ユーベルマンが共同で調査を行い、類人猿に似た未知の生物だと結論づけた。ところがこの調査で、アイスマンが最近になって銃撃されたことが判明。保安官の捜査が始まろうというそのときに、アイスマンの興行主フランク・ハンセンはアイスマンを載せたトレーラーとともに姿を消してしまった。1か月後、ハンセンは自宅で記者会見を開き、アイスマンはハリウッドで製作させたハリボテだったと告白した。だが、後日、再びハンセンによれば、本物を傷つけないよう興行では偽物を使ったと主張した。はたしてどちらが真実なのか？すべては闇の中である。

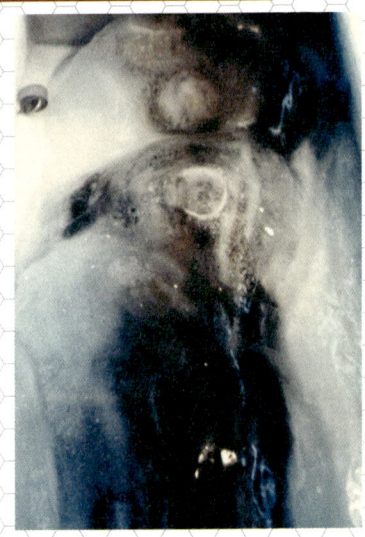

▲1968年に公開されたミネソタ・アイスマンの実物展示の様子。氷が濁っているため不鮮明だが、全身が毛で覆われている。

DATA　Minnesota Iceman
★アメリカ？　♠体長1.8メートル
♣ハリボテ／未知の化石人類

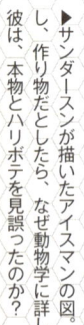

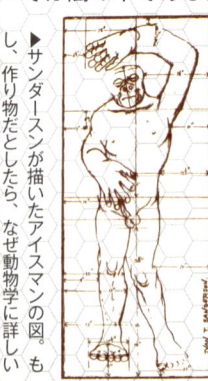

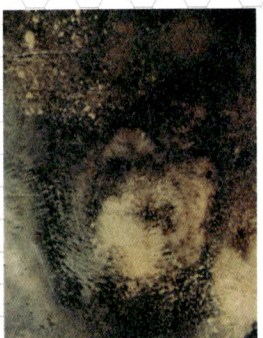

▶サンダースンが描いたアイスマンの図。もし、作り物だとしたら、なぜ動物学に詳しい彼は、本物とハリボテを見誤ったのか？

▲(左) 実物のアイスマン。(右) サンダーソンによる再現画。

©TopFoto／アフロ

●マレーシアの獣人● オラン・ダラム

▶2006年にテレビクルーが発見したオラン・ダラム足跡の石膏。

マレーシア、ジョホール州のジャングルには全身毛むくじゃらで2足歩行する獣人UMAがいるという。2005年にはエンダウロンピ国立公園内の熱帯雨林を歩いていたアミル・アリが30メートルの至近距離で3メートルはあろうかという、異臭を放つ獣人を目撃した。2006年には科学調査チームが現地入りし、長さ60センチほどの足跡を発見。その後も、足跡はもちろん、「ズーズー」と吐息を発する黒い剛毛に覆われた姿などが目撃されている。

●着ぐるみ説浮上● ビッグフット（ニューヨーク州）

2006年5月27日、ニューヨーク州クレランスの農村地帯で、草原に停車中の小型トラックにビッグフットが接近してきた。トラックの屋根に触れたとき、撮影者の存在に気づいたのか、あわてて去っていったという。アイダホ州立大学の生物学者は「明らかに人間が入った着ぐるみにちがいない」と断言した。だが、写真を公開した人物は反論。周辺には巨大な足跡も残されていたのだという。

▲何に興味をもったのか、農村に出現したビッグフット。

陸の未確認動物

最強のUMA図鑑

▶ロイスが射殺して、撮影した雌のモノス。

●鉤爪をもつ幻獣● モノス

　ベネズエラのエル・モノ・グランデ峡谷に棲息するという獣人。全身が体毛に覆われ、手は長い。凶暴な性格で、木の棒のような武器で人に襲いかかることもあるという。1920年、鉱油調査のために峡谷を訪れたスイスの地理学者フランシス・ド・ロイスは、キャンプ中に2頭の獣人に遭遇した。襲いかかってきたので身の危険を感じたロイスは1頭を射殺。その死骸を写真におさめた。ケナガクモザルの変種か、未知の類人猿か。正体は不明だ。

DATA　　　　　　　　　**Monos**
★ベネズエラ
♠1920年目撃／1.6メートル
♣ケナガクモザル？／未知の類人猿

●未知の小型獣人● モンキーマン

▼(上)ニューデリーに出現したモンキーマンの再現イラスト。(下)顔を傷つけられた男の子。

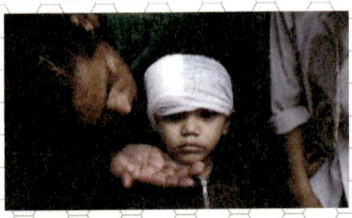

　2001年4月から5月にかけて夜のニューデリー(インドの首都)に出没し、眠っていた住人を鋭い爪で襲った怪物。体から赤と青の光を放つ凶悪なUMAだ。事件は世界的なニュースとして話題になったが、5月以降は事件が沈静化。集団妄想、マフィアによる威嚇、サルの誤認、あるいは未知の小型獣人か。謎は深まるばかりで、結局正体もわからないままである。

DATA　　　　　　　　**Monkey Man**
★インド、ニューデリー
♠2001年目撃／1.4～1.6メートル

● 小型獣人 ● **オラン・ペンデク**

イギリスのジャーナリスト、デボラ・マーティルは1989年にスマトラ島に棲息すると噂される小柄な獣人オラン・ペンデクの探査を開始し、足跡を発見。93年には南西部のクリンチ山で獣人に遭遇した。2003年には同国フローレス島で新種化石人類ホモ・フローレシエンシスが発見されたが、オラン・ペンデクこそ、その生き残りなのではないかという推測も成り立つのだ。

▶オラン・ペンデクの想像画。（下）現生人類と比較したホモ・フローレシエンシスの頭蓋骨（左側）。

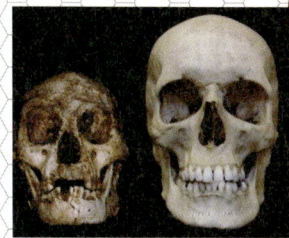

DATA **Orang Pendek**
★インドネシア、スマトラ島
♠1917年目撃／1.5メートル
♣ホモ・フローレシエンシス

陸の未確認動物

● 奇妙な剥製 ● **ビッグフットの頭**

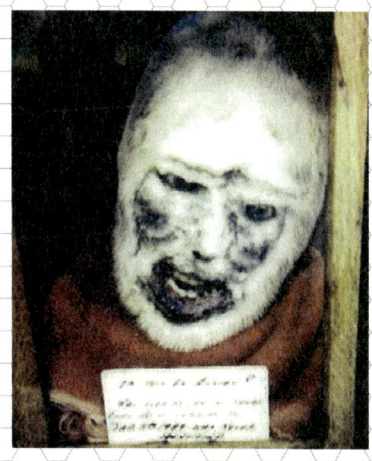

2006年8月1日、YouTubeに「ビッグフットの首」という映像が投稿された。これは剥製化されたものなのだが、本物か否かをめぐって注目を集めた。目には義眼がはめこまれているのでかなりリアルに見える。口元には整った歯が見え、一部が白髪化してしまった顔中の毛がなければ、ほとんど「ヒトだ」といえそうだ。どういう経緯で、所有者のもとにたどりついたのか、そこが知りたいところではある。

▲フランク・バスターが所有する獣人の頭部。

最強のUMA図鑑

●少女を育てた獣人● ヌゴォイ・ラン

◀未知の獣人ヌゴォイ・ランのスケッチ。▼ほとんどの言葉を忘れ、野生化したブンギェン。

2007年1月、畑の作物を荒らす男女が発見され、男は逃げたが女だけが確保された。彼女はなんと19年前、8歳のときに行方不明になっていたロチョム・プンギェンだったのだ。では危険なジャングルで幼い子供がどうやって生き残ったのか。そのヒントになるのが、畑から逃げた男である。その正体の可能性のひとつとして指摘されたのが、現地周辺でたびたび目撃されている直立2足歩行する獣人ヌゴォイ・ランなのだ。

DATA
- ★ベトナム、カンボジア、ラオス
- ♠1.8メートル　♣ネアンデルタール人の生きり

●凍てつく山の獣人● アルマス

ロシアでは古くから目撃報告があり、赤茶けた体毛の小柄な獣人だ。雑食性で夜になると人里に食物を盗みにくるときもあるが、身の危険を察知すると高地へ逃げる。その際には時速60キロものスピードで走り、「ブーン、ブーン」という奇妙な声を出すという。2003年10月にはアルタイ山脈の永久凍土からアルマスのものと思われる足の一部が発見された。数千年前のものと見られているが、DNA鑑定の結果が待たれている。その正体は、ネアンデルタール人の生き残りなのだろうか？

DATA　Almas
- ★ロシア、コーカサス地方
- ♠13世紀／1.6～2.2メートル

▲1910年代に、当地の村で飼われていたというアルマス。このような姿で眠っていたという。

●細身の獣人● モンタナ・ビースト

2008年3月14日、アメリカのモンタナ州バーガーに謎めいたUMAが出現した。全身が毛に覆われた獣人が、民家の庭に侵入したのだ。歩き方からして、人とは明らかに違う何かだ。映像を見た研究家から「ビッグフット」ではないかと指摘があるものの、モンタナ・ビーストのシルエットはかなり華奢で、体に比べて足が長い。または、新種のヒューマノイド型かもしれない。

▶ビッグフットと比べてやせ細ったモンタナ州の未知の獣人。

●アメリカのオオカミ男● ベア・ウルフ

アメリカ、ウィスコンシン州ワシントン郡を中心に出没する。出現記録は1930年代からある。車に轢かれた動物の死骸回収が仕事のスティーブ・クルーガーは、2006年11月9日、雌ジカを荷台に乗せてから座席に座っていると、シカを盗もうとしている怪物を目撃。慌ててトラックを発進させた。クマでもコヨーテでもない、黒い体毛の怪物だったという。

▶クルーガーが目撃したベア・ウルフのスケッチ。体長は2メートルを超えるほどだったという。▼恐ろしい体験をしたスティーブ・クルーガー。

DATA　　　　Bear Wolf
★アメリカ、ウィスコンシン州
♠1930年代／全長1.8〜2.3メートル

陸の未確認動物

最強のUMA図鑑

●毛むくじゃらの奇獣● ブレイ街道の怪

ウィスコンシン州南部のウォールワース郡のブレイ街道に出現する、長毛に覆われたイヌのような怪物。その毛むくじゃらの姿からシャギーと呼ばれ、ベア・ウルフに似た怪物だ。1936年、同州ジェファーソン郡では森林警備員のマーク・シャッケルマンが先住民族の古墳でこの怪物を目撃。怪物は「ガダラ」と謎の言葉を残して暗い森に消えたという。周辺に住む先住民のチペワ族には「ウィンディゴ」という怪物の伝説が伝わる。

DATA
★アメリカ、ウィスコンシン州 ♠1936年目撃／2メートル

▶シャッケルマンの目撃した奇獣。ブレイ街道に現れる怪物に似ている。

◀奇妙な生物がたびたび姿を現すブレイ街道。

●白色の獣人事件● マーリーウッズの怪

アメリカ、ミズーリ州中西部のマーリーウッズと呼ばれる謎めいた森林地帯がある。2008年9月、牧場で家畜の見回りをしていた牧場主が2匹の白い獣を発見。発砲して手応えはあったのだが、血痕を残さず消え去ったという。後日、有刺鉄線に白い毛の塊を発見したが、どんな生物にも当てはまらないものであった。色は違うが、ビッグフットのような未知の獣人だったのかもしれない。

▲事件があったマーリーウッズの牧場。
▶有刺鉄線にからんでいた白い毛。

●半人半犬の奇獣● ドッグマン

　2008年12月のある夜、ミシガン州テンプルで10代のベロニカ（仮名）は、外から聞こえる咆哮に気がついた。カメラのフラッシュライトを浴びせれば驚いて逃げるだろうと思い、デジカメを持ってポーチに出た。すると、咆哮を発する動物は後ろ足で立つ怪物だった。慌ててシャッターを切ったが、怪物は消え去ってしまっていた。その容姿からこの怪物はミシガン州ではドッグマンと呼ばれる。犬に似た足跡だが、体長は優に1・8メートルはあるというから、かなり巨大だ。ドッグマンの正体はいまのところまだ謎に包まれているが、今後、UMA研究界の中で論議の対象となるだろう。

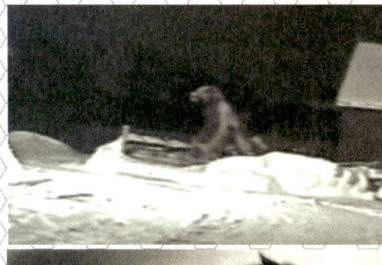

DATA　　　　　　　Dog Man
★アメリカ、ミシガン州
♠1970年代目撃／1.8メートル

陸の未確認動物

▲(上) 2008年12月、ミシガン州テンプルでベビーシッターがドッグマン（下）を目撃した場所。写真のシャッターをきったときには消え失せた。

◀(上) 2007年1月、ミシガン州ペニンスラの森で発見されたドッグマンとおぼしき足跡。(下) 2007年12月、ミシガン州トラバースシティに出現したドッグマンの足跡。

▲2007年にスティーブ・クックがウェブサイトに公開した映像場面。1970年代のドッグマンとされるが、詳細はわかっていない。

最強のUMA図鑑

●未知両生類　カエル男

　アメリカ、オハイオ州ラブランドのリトルマイアミ川付近に出没する、ヌメヌメとした皮膚をもつカエルの顔をした怪物。もっとも有名な事件は、1972年3月3日の警官による遭遇例だ。だが、当人は30年後に証言を否定。立場上、嘲笑の的になるのを恐れたのか、記憶が薄れてしまったのかは定かでない。ただし、2008年には、ふたりの男女が異臭のするフロッグマンを目撃。リトルマイアミ川には、やはり何かが潜んでいるのだ。

DATA　Loveland Frog
★アメリカ、オハイオ州　♣河童
♠1955年目撃／120センチ

▶1972年、警官の証言をもとに描かれたフロッグマンの想像画。

●赤いモンスター　ブラクストンの怪物

　2005年7月、アメリカ、ウエストバージニア州ブラクストンの森で、赤く光りながら直立2足歩行する謎の生物が撮影された。野生動物用に固定されたモーションカメラがとらえたもので、当時は無人だった。ブラクストンといえば、フラットウッズ・モンスターでも有名な場所。これもまたエイリアンに関係した生物かもしれない。

DATA　Braxton Monster
★アメリカ、ウエストバージニア州
♠1952年目撃／2メートル

▲フレデリック・ガーウィグが公開した赤い怪物。

●巨大頭の怪物● ドーバーデーモン

陸の未確認動物

1979年4月21日の夜から23日にかけて、マサチューセッツ州ドーバーの閑静な住宅地に出現した謎の怪生物。目はオレンジ色のビー玉のように明るく光り、胴体は華奢で体毛がないサメ肌。体はサルのようだがしっぽがない。未確認動物研究家のローレン・コールマンによって「ドーバーデーモン」と命名された。数々の目撃証言から、新種の未確認動物、体毛が抜け落ちた実験動物、UFOが地球に送り込んだエイリアン・アニマルなどが提示されている。奇妙なことに、それ以降、姿を現したことはない。

DATA　　　**Dover Demon**
★アメリカ、マサチューセッツ州
♠1979年目撃／1.2メートル
♣エイリアン・アニマルなど

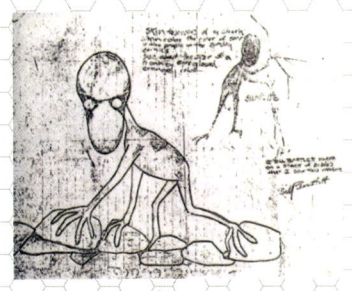

▲ドーバーデーモンとそのときの様子を再現する目撃者のウィリアム・バートレット。

▲2番目の目撃者ジョン・バクスター。◀異星人的な特徴を見せるドーバーデーモンの再現イラスト。

最強のUMA図鑑

●姿なき恐怖● フィア・リア・モール

◀フィア・リア・モールの想像画。▼ベンマクドゥーイ山でのブロッケン現象。これですべての説明がつくわけでもない

　スコットランドのケアンゴーム山地最大の山ベン・マクドゥーイには、人間ではない奇妙なものが潜んでいるらしい。霧深い山を歩いていると、自分以外の足音が聞こえるというのだ。1965年には、山中に巨大な足跡が見つかっている。大きさは35センチほどで、歩幅はなんと1・5メートルもあったのだ。実在する謎の獣人か、あるいは超常現象なのか。

●ゴートマン● ヤギ男

　アメリカ、カリフォルニア州ベンチュラのアリソン渓谷で、1925年ごろから棲息しているといわれる怪物。灰色のカールした体毛に覆われた筋骨隆々の体をしており、その姿はヤギというよりヒツジのようだ。当地で1924年に閉鎖した酪農工場近辺に出没したため、ここは秘密化学工場で、その実験の結果生まれたのがこのヤギ男であるなどと噂された。1964年8月には、アリソン渓谷をハイキングしていた少年たちのグループがヤギ男に遭遇したが、驚いた彼らは慌てて逃げたという。

▶アリソン渓谷で目撃されたヤギ男の再現イラスト。

DATA
★アメリカ、カリフォルニア州
♠1925年目撃／2メートル

●日本の代表的UMA● ツチノコ

陸の未確認動物

DATA
★青森〜鹿児島　♠40センチ
♣新種／トカゲ誤認

　日本を代表する未確認生物。目撃例は東北から九州まであり、呼び名も各地で違う。ヘビのような形をしているが、太く寸胴。一般に、木槌に似ていることからツチノコと名づけられた。古くは野の神である「ノヅチ」として『古事記』にも記載されている。体長は40センチほどとされ、ジャンプしたり立ち上がって威嚇することもある。72年から73年にかけて目撃が多発し、以後たびたび探索が行なわれたり、賞金がかけられたりしている。

▲1973年に西武百貨店が、捕獲に30万円の賞金をかけて作成した手配書。

▲（右）新潟県小千谷市の渡辺政雄氏が保管するツチノコの背骨といわれるもの。三角形の小さな頭骨もついていたが、廃棄されてしまった。（左）山形県の牧場で発見されたツチノコの死骸は、アオジタトカゲともいわれたが、正体は謎のままである。

最強のUMA図鑑

●伝説の半魚人● ティティス湖の怪物

カナダ、ブリティッシュコロンビア州に出現するという半魚人にそっくりな生物。1972年8月19日、ふたりの若者がティティス湖の湖畔を歩いていると、全身をウロコで覆われた奇怪な生物が湖面から姿を現した。怪物は岸に向かって泳ぎはじめると、ふたりを追いかけてきて尖ったウロコで傷を負わせた。その後、8月23日には別の人間が、銀色の皮膚に覆われた怪物を対岸から目撃した。だが警察は、逃げた巨大トカゲが正体であるとして、捜査を打ち切った。

DATA
★カナダ　♣半魚人／巨大トカゲ
♠1972年目撃／150センチ

▶手足に水かきがあるが、陸上でも俊敏に走れる半魚人。
▼突如、怪物が出現したカナダのティティス湖

●レプトイド● 爬虫類人型UMA

2009年4月、アメリカ、西フロリダのノースポートに住むマイケル・ローリーは、家の上空に無気味な赤い光を脈動させる謎の物体を目撃。その頃からか、息子のシェインが敷地周辺をうろつく人型をした爬虫類人を何度も見たという。身長は3メートルほどあり、全身がウロコで覆われ、黄色く濁った無気味な目をしていたという。赤い発光体がUFOであれば、レプトイド・タイプの地球外生命体ということになる。または、リザードマンの仲間だろうか。

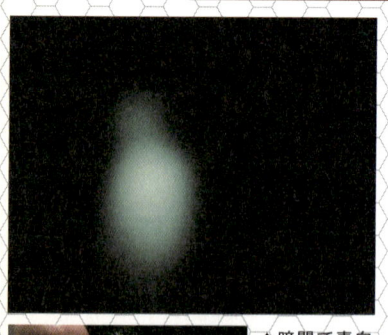

▲暗闇で青白く光っていたという爬虫類人型UMA。
◀マイケル・ローリー父子。

●恐怖のトカゲ人間● リザードマン

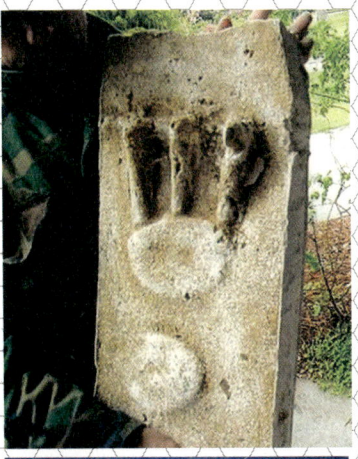

陸の未確認動物

　1988年6月29日の深夜、場所はアメリカ、サウスカロライナ州ビショップビルにあるスケープオレ沼。当時17歳のクリストファー・デービスは、沼にさしかかったあたりでタイヤの交換をしていた。作業が終わり、ジャッキをトランクに入れようとすると、草原の中をこちらに向かって何かが疾走してくる。人の形はしているが、体は緑色。肌はウロコ状でヌメヌメとした光沢があった。襲われると思ったデービスは慌てて逃げたが、怪物はしばらく車を追いかけてきたが、なんとか逃げのびたという。同地ではほかにも目撃は多発し、別の事件では警察の捜査で足跡の石膏もとられたが、1988年を境に姿を消した。

DATA　　　Lizard Man
- ★アメリカ、サウスカロライナ州
- ♠1988年目撃／2メートル

▲（上）警察が発見し石膏で型をとった巨大な足跡。（下）2008年には、ビショップビルに住むローソン夫妻の車が傷つけられた。

▲（左）1988年にトカゲ姿の怪人に襲われたデービス。（右）事件があったスケープオレ沼。▶攻撃的で俊敏なリザードマンの想像画。

●伝説の魔獣● ダートムーアの野獣

2007年7月、イギリス、デボンシャー州ダートムーア付近で、奇妙な動物が発見された。異常に気がついたマーティン・ウィットリーが撮影。付近は「エクスムーアの野獣」も有名だが、これは別の何かである。これまでも、農家の家畜が襲われるなど深刻な被害が続いていたし、同地では古くから「地獄の犬」と呼ばれる悪魔的な怪物の伝承が伝わっている。つまり、このダートムーアの野獣が既知生物でないとすれば、これこそ伝説の魔獣かもしれない。

DATA　Beast of Dartmoor
★イギリス　★伝説の魔獣
★2007年目撃／サイズ不明

▶ダートムーアで撮影された黒毛の大きな生き物。

●オーラに包まれた怪人● メキシコの黒い影

2006年6月4日、エフレン・ソースデ・テーヨ博士は、メキシコのヌエボレオン州にあるダムの貯水池に魚釣りに出かけた。帰り際、何気なく川の光景を撮影しておくことにした。帰宅後に画像を確認すると、水面上にずんぐりと毛深い生物が写り込んでいるではないか。うっすらとベージュ色のオーラに包まれた怪しい影だ。だが、別の写真が撮られた37秒後には、もう何も写っていなかった。異次元生物か？

◀テーヨ博士が撮影した貯水池。池の中にオーラに包まれた黒いモンスターが見える。

●イギリスの漂着獣● エクスムーアの野獣

イギリス南西部のデボン州エクスムーアに2009年1月、奇妙な死骸が発見された。体は腐敗しており、原形をとどめていない。専門家によればシャチやアザラシの仲間である可能性が高いという。だが、この獣には尾のようなものがついており、エイリアン・ビッグ・キャットではないかとも噂されている。その後、何者かが頭骨を盗んだため、正体は謎のままである。

DATA　　　Beast of Exmoor
★イギリス、エクスムーア ♣アザラシ
♠2009年／1.5メートル

▲エクスムーアに漂着した謎のモンスター。

●アルゼンチンの妖精● ノーム

▼2008年に携帯電話で撮影された動画の拡大写真。青年たちはパニックを起こして逃げた。

2008年3月10日、アルゼンチン、サルタ州で携帯電話の動画モードで撮影された小柄な怪生物。ホセ・アルバレスという青年が仲間と道ばたで談笑していると、草むらから身長1メートルにも満たない小人がとんがり帽子をかぶったような姿で現れたのだ。まるで大地の妖精ノームを思わせる小人は、歩くのが困難なのか、場違いな地上に姿を現したためか、いかにも不自由そうな足取りで消え去った。

DATA　　　Gnome
★アルゼンチン、サルタ州
♠2008年目撃／1メートル

陸の未確認動物

最強のUMA図鑑

●甦る絶滅動物● タスマニア・タイガー

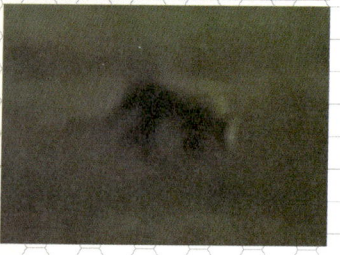

絶滅した動物が生きていることもある。これも未知動物学の研究対象の一環だ。その代表的な例が、1936年に絶滅したタスマニア・タイガーである。実は目撃情報が多数あり、生存している噂が絶えない。2010年11月にも、オーストラリア、リッチモンドの郊外で草原の調査をしていたマレー・マカリスターが、オオカミともタスマニアタイガーともつかない、不思議な動物の撮影に成功した。いつか朗報が聞ける日を期待したい。

◀（上）タスマニア・タイガーの剥製。（下）2010年10月に撮影されたタスマニア・タイガーらしき動物。

●ハイブリッド・アニマル● ターナーの野獣

2006年8月12日、アメリカ、メイン州ターナーで、ネコを追っているときに車にはねられて路肩にころがっていた野獣の死骸が発見された。付近の住民たちは、この動物こそ、過去15年にわたってアンドロスコッキン郡を恐怖に陥れていた野獣の正体だと主張する。人間の声のように鳴き、家畜を襲う正体だというのだ。オオカミとイヌのハイブリッド・アニマルか、あるいは未知なる動物なのだろうか？

◀▲この犬ともオオカミともつかない野獣に地元住民たちは、大きな不安を覚えていた。

●足のあるヘビ● タッツェルヴルム

陸の未確認動物

アルプス山中に棲息するという、ヘビともトカゲともつかない水陸両棲獣。ドイツ語で「前足のあるヘビ」という意味だ。1717年に、探検家が初めて目撃したという報告が残っているが、最近でも2003年にスイスで目撃されている。正体としては、世界最大の両生類オオサンショウウオ説が最有力だ。

DATA　Tatzelwurm
★ヨーロッパ一帯　♠1717年目撃
♣オオサンショウウオ

●巨大な悪魔● ナンディベア

ケニアのナンディ地方を中心に、東アフリカ一帯に棲息するといわれる謎の怪獣。原住民のあいだでは「ケシモット」と呼ばれるが、これは「人間の脳髄を食いちぎる巨大な悪魔」の意味。体長は3.5メートル、体形はハイエナ、顔はクマに似ており、茶褐色の体毛に覆われているという。20世紀初頭には目撃報告も多かったが、現在はあまり聞かれない。ハイエナの誤認か、あるいは絶滅したはずの大型哺乳類カリコテリウムが生き残っていたのかもしれない。

DATA　Nandi Bear
★ケニア　♣カリコテリウム
♠1905年目撃／3.5メートル

▶表東アフリカに出没する
ナンディベアのイメージイラスト

最強のUMA図鑑

●太古の翼竜か!?● 中国の怪生物

2008年に公開されたこの画像は、中国甘井子区大連湾近くの海岸に漂着していた巨大生物の頭部である。頭部の全長は約3メートル。口の部分だけでも約1メートルはあるという。体重推定1トン。見るからにプテラノドンを彷彿とさせるものであるが、深海クジラの一種であるのか、はたまた本当に太古の翼竜が流れ着いたのかは、わからない。

DATA
★中国　♣プテラノドン／クジラ
♠2007年／3メートル

●人語を操る魔物● マンティコア

マンティコアといえば紀元前の文書に言及があるほど古い怪物である。鋭い歯をもち、体はライオン、コウモリのような羽とサソリのような尾をもつ。この尾には無数の毒針が生えている。それも人間を殺して食べるためである。さて、2008年にYouTubeに奇妙な動画が投稿された。扉の向こうの奇怪な怪物が、言葉を発して、手前の人間を会話をしているのだ。もちろん、フェイク映像だろうという意見が大部分だ。だが、もし事実だとすれば、幻獣マンティコアはわれわれに何を伝えようとしているのだろうか？

▲▼マンティコア。

●腐敗した未知動物● モントーク・モンスター

陸の未確認動物

　2008年7月、アメリカ、ニューヨーク州南部のモントーク海岸に、小型犬ほどの未知生物の死骸が打ち揚げられていた。不思議なことに全身に毛がなく、赤褐色の肌がむき出しになっている。口には鋭い牙がついていた。イヌやアライグマの奇形ではないかと噂されたが、どの生物にも似ていない。DNA操作で生まれたキメラであるとか、アメリカ軍が生み出した生物兵器であるなどと議論は加熱したが、死骸は数日の間砂浜に放置されたあと、所在不明となっている。その後、あとを追うようにして、アメリカの海岸に奇怪な生物の死骸が打ち揚がった。後章で触れるグロブスターとも違う、未知の新種のようなモンスターだ。

▼2008年7月にニューヨーク州のモントーク海岸に流れ着いたモントーク・モンスター。

▲(上下) カナダの湖で発見された30センチほどの小柄な謎の動物の死骸。
▼2009年、ロングアイランドの海岸に漂着した怪生物の死骸。

最強のUMA図鑑

●吸血怪獣● チュパカブラ

　アメリカ、メキシコ、ブラジルなど新大陸の国々を中心に目撃されている。1995年ごろ、突如としてアメリカ自治領プエルトリコに出現した。この奇妙な名前の由来は「ヤギの血を吸うもの」という意味で、その名のとおり家畜に襲いかかり、血液を吸う恐ろしい怪物だ。目は赤く光り、指には3本の鉤爪がついている。これで獲物を引き裂くと、アイスピックのように尖った舌か、鋭い牙で獲物に飛びかかり、血を吸うようだ。チュパカブラの正体は、アメリカの極秘軍事実験によって突然変異したミュータントではないかという説が根強い。

◀(上)1998年、アメリカのネブラスカ州の軍事施設跡の格納庫から見つかった怪生物のミイラ。(下)インターネット上に出現したナゾのチュパカブラ写真。

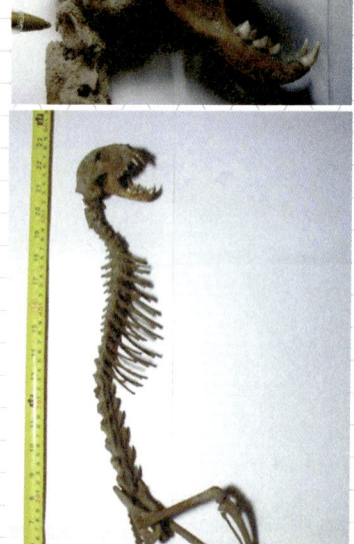

▲(上・下)2003年11月、チリ、コンセプシオンで発見された骨だけの怪生物。チュパカブラに酷似している。

DATA　　　　Chupacabra
- ★プエルトリコなど
- ♠1990年代／90センチ
- ♣遺伝子実験ミュータント説など

陸の未確認動物

▲2010年8月、メキシコのプエブラ州で、50日間にわたって300頭以上ものヤギが惨殺されるという被害が起きた。首筋がすぱっと切られており、中には血が抜き取られていたものもあるという。「何か犬のようなもの」が目撃されており、チュパカブラがその原因だと見られている。

▼1996年、プエルトリコで目撃された再現イラスト。鋭い舌を突き出して、獲物の血を吸うのだという。

▲2001年5月、メキシコのとある森の木の上でうずくまるチュパカブラ。口元から突き出た2本の牙が、鳥などではないことを示している。

最強のUMA図鑑

●エイリアンと牛の交雑種● タイの件

▼蹄を持つ体はウシ、顔は人間のような件とおぼしき奇怪な生物の死骸。

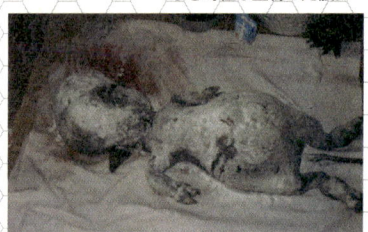

　日本の件といえば、生まれて間もなく死んでしまうが、死ぬ前に天変地異や災いを予言するという、顔は人間で体がウシの妖怪である。2007年11月18日、タイのとある村でこの件とおぼしき生物の死骸がインターネット上で公開された。このUMAが死んだ理由についてはさまざまな理由が飛び交っているが真相は不明だ。エイリアンとウシの交雑種か、あるいはウシの奇形なのか。この遺体が実在することは間違いなさそうだが。

●アフリカ産の怪物?● 剥製モンスター

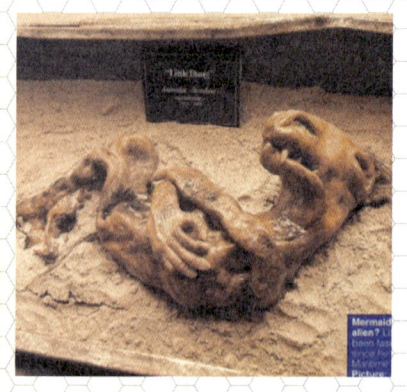

　2006年9月、イギリスの小さな海洋博物館に展示されている、怪物の剥製の写真が公開された。同博物館の研究員によれば、この生物は40年前に、ある兵士が北アフリカから持ち帰ったものだという。すでに死んでいたために、剥製にしたものなのだ。全体的な印象は、ウマのそれだが、細部が異なっている。口元には牙が生えているし、指先はひづめではなく、人間そっくりの指。アフリカにはこのような未知の珍獣が存在したのか……!?

▲5本の指先にはヒヅメはなく、サルの爪のようなものが生えている。一方、ウマのような口元には牙が……。

● 砂漠の毒獣 ●
モンゴリアン・デスワーム

陸の未確認動物

通常は穴の中で過ごすが、雨期の6〜7月になると地上に姿を現す。蒸気状の毒液を吹きかけ、近くを通過する家畜や人間を襲う。尾からは、電気を放電し、獲物を感電死させる恐ろしい生物だ。現地では、雌ウシの腸に似ていることから「オルゴン・コルコイ」と呼ばれる。記録によれば、1800年代初頭にロシア人科学者からなる調査団がその存在を確認したが、数百人がその生物の餌食になって殺されたという。2005年5月には、イギリスの学者たちで組織された研究チームが現地調査を行うと、目撃体験を収集しただけで存在の有無を確認することはできなかった。いまだにその姿が写真に収められていない未知の生物だ。

▲(上) デスワームの想像イラスト。(下) 攻撃方法の概念図。この毒液や放電により、遠隔でも人や動物を殺すことができる。

▲2005年5月、リチャード・フリーマン博士率いる調査隊が現地入りしたときの様子。博士は未確認動物学者で「フォーティアン隠棲動物学センター」を主宰する。▶過去の調査隊によって残されたの古文書に描かれたデスワーム。

DATA Mongolian Death Worm
★モンゴル、ゴビ砂漠
♠1800年代／0.5〜1.2メートル

最強のUMA図鑑

●無毛の吸血犬● ブルードッグ

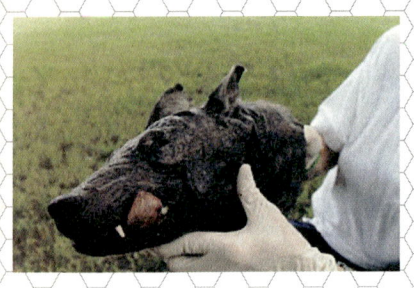

▲2009年6月、ニワトリを襲う動物に悩まされていたリン・バトラーが毒を仕掛けたところ、このブルードッグの死体を発見した。

▲2008年8月に撮影されたブルードッグ。コヨーテか否か判別するのは難しいかもしれない。

　2007年7月末、テキサス州の町ケロを通るハイウェイ183号線で車に引かれた奇妙な動物の死骸が発見された。イヌのようだが、前歯が牙のように突き出ており、体毛はなく、青みがかった灰色の皮膚をしていた。このブルードッグこそチュパカブラの正体ではないかと報道されると、たちまち目撃も増加した。だが、一方でコヨーテとオオカミとの混血種という見方も強く早いDNA鑑定が望まれている。

　2010年7月には、オクラホマの高校生らが、短い前足を高く上げて2足歩行するブルードッグを目撃した。これこそ、2足歩行するチュパカブラの証拠なのかもしれない。

◀2010年7月、オクラホマで高校生らが撮影した2足歩行のブルードッグ。

陸の未確認動物

●未知の巨大黒ネコ● ワンパス・キャット

アメリカ東海岸を中心に謎の巨大黒ネコが目撃されている。外見はクーガー、あるいは黒ヒョウに酷似しているネコ型モンスターだ。先住民のチェロキー族には「ワンパス・キャット」という半人半獣の存在が伝わっており、巨大黒ネコの正体ではないかといわれている。2008年4月にはテネシー州で2足歩行する人間大の巨大ネコが目撃されている。2007年、サウスカロライナ州では肉眼で見たおぼえがないのに、写真には巨大ネコが写っていたという。

▲2007年、サウスカロライナ州で撮影された謎の大型ネコ。逃げた黒ヒョウか、あるいはワンパス・キャットか。◀魔術によってワンパスキャットの姿に変えられた人間の絵。

●ユタ州の奇跡● アメリカ・ツチノコ

2008年3月、アメリカ、ユタ州のブリガムシティー池でツチノコに酷似した生物の死骸が発見され、日本でも報道された。ブリガムシティー池は冬になると毎年のように水面が凍結する。この年も例年にない寒さだった。3月になると氷が解けはじめたのだが、なんと池の中の酸素が不足したせいで4000匹もの魚が死んでいたという。その中にこの奇妙な死骸もあったのだ。体長は53センチで鋭い牙をもっている。マスの死骸だという説もあるが、池では見たこともない生物だともいう。はたして真相は？

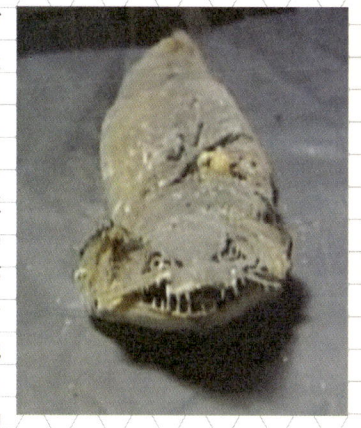

▲ブリガムシティー池で発見されたツチノコに似た謎の生物の死骸。

最強のUMA図鑑

●残忍な黒ネコ● エイリアン・ビッグ・キャット

　本来の棲息域ではない地域に棲む大型ネコ科のUMA。地球外という意味ではない。エイリアン・ビッグ・キャット（ABC）の目撃はイギリスのほか、アメリカやオーストラリアでも増えている。1997年3月、アメリカ、オハイオ州で畜舎のヒツジが襲われたのを皮切りに、大型ネコの目撃と家畜の被害が相次いだ。捨てられたペットや動物園から逃げ出した黒ヒョウやピューマが雑種化したものか、あるいは南米産のジャガランティなどといわれるが、体毛サンプルのDNA鑑定など早い解決が望まれている。

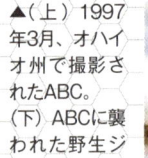

DATA　　　Alien Big Cat
- ★アメリカ、イギリス、オーストラリア
- ♠1930年代目撃／1〜1.5メートル
- ♣ジャガランティ／黒ヒョウの雑種など

▲（上）1997年3月、オハイオ州で撮影されたABC。（下）ABCに襲われた野生ジカの死骸。

▲2010年1月、グロスターシャー州ストラウド村付近で雪上に残されたABCの足跡。◀ウサギらしき獲物をくわえて走るABC。

陸の未確認動物

▲2009年2月、イギリス、グロスターシャー州では、推定体長1・5メートルはある、巨大ネコが撮影された。

▶特にイギリスのコーンウォール地方に出没するABCは「ボドミン・ムーアの野獣」と呼ばれ、恐れられている。写真は、ネコにしては大きく、鋭い牙をもったABCの頭骨である。

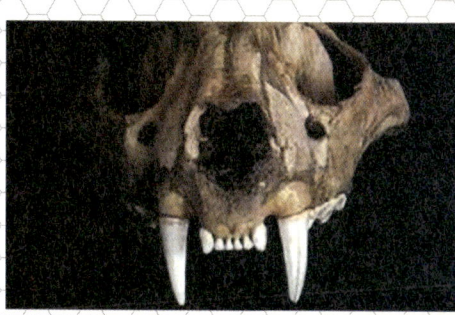

▶イギリスで撮影されたABC。もはや、ピューマらしき巨大な動物が、イギリスにいるのは間違いないのだ！

最強のUMA図鑑

● 極小のエイリアン
メテペック・モンスター

DATA　Metepec Monster
★メキシコ、トルーカ市
♠2007年発見／15～20センチ

　2007年6月、メキシコ州トルーカ市近郊のメテペックにある鳥類研究所で発見された小型ヒューマノイド。エイリアンのような風貌をしており、指が5本ある。生存時はどんな姿をしていたのか不明だが、ネズミ捕り器の中にあるトラバサミに掛かっていたという。研究所では鳥が殺害される被害が相次いでいたのだ。この生物の正体は、チュパカブラの幼獣、遺伝子実験のミュータントなどさまざまな議論がわき起こったが、いまだに解明されていないという。

▲謎の未知動物のミイラ。

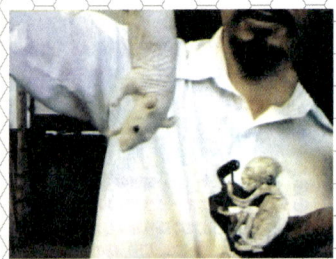

▲メテペック・モンスターの異貌。目鼻立ちは類人猿に近い。
▶生物を捕らえた仕掛け。中にトラバサミが入っていた。 

▲(上) ネズミと比較してもかなり小さい
(下) 体に比してかなり長い尾だ。

●伝説の幻獣● バンイップ

オーストラリアの先住民族アボリジニの間で死や病、そして災厄をもたらすと恐れられてきた幻獣である。目撃も古く、19世紀にまでさかのぼる。1846年には、バンイップのものとおぼしき頭骨が発見されているし、1977年にはニューサウスウェールズで、目が爛々と光るアザラシのようなバンイップも目撃されている。

DATA　　　　　　Bunyip
★オーストラリア
♠1800年代／1〜5メートル

▲獰猛な牙で人を襲うバンイップの想像画。

●砂漠の龍● サンド・ドラゴン

2003年12月、アメリカ、テキサス州オースティン郊外で、近隣住民たちから「サンド・ドラゴン」と恐れられる巨大なヘビが写真に撮られた。ご覧のとおり、左側の頭は鎌首をもたげ、長い胴体を尺取り虫のようにくねらせている。普段見ることがないのは砂中にもぐっているだめだろうか。

DATA　　　　　　Sand Dragon
★アメリカ、テキサス州
♠2003年12月／4〜5メートル

▲オースティンで撮影されたサンド・ドラゴン。新種の未確認動物であり、まだ情報は少ない。

陸の未確認動物

最強のUMA図鑑

●小人吸血鬼● トヨール

　マレーシアやシンガポールで、その存在が信じられている妖怪で、生き血を吸う吸血鬼でもある。2005年12月、ジョホール州の村で体長15センチほどの奇怪な生物が夜な夜な出現し、寝ている住民を驚かした。2006年1月にはクアラルンプールの町外れで、スー・リン（仮名）が夜明け前に目を覚ますと、枕元で財布を盗もうとしていたトヨールに遭遇した。2006年2月には、トヨールらしき生物のミイラが入った瓶が海岸に流れ着き、州立博物館に届けられた。はたしてトヨールは実在するのか？　まだ未解明だが、実在するとしたら恐ろしい動物である。

▲瓶に詰めたまま州立博物館に展示されているトヨールのミイラ。

DATA
★マレーシア、ジョホール
♠2005年〜／15〜50センチ

▶トヨールの目は真っ赤で、骨は黒色。体全体が何かでくるまれている。

▲(左) 怪物を与った博物館の館長モード・ジャラル。(右) 海岸でミイラを拾った漁師アラ・レソート。

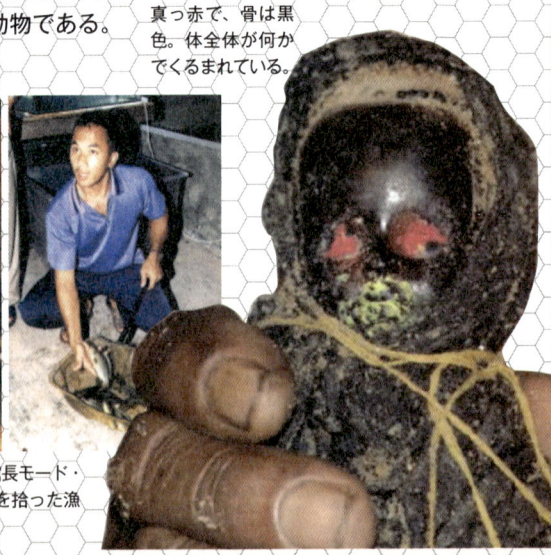

● 宇宙人の死体？ ● # チリの小人ミイラ

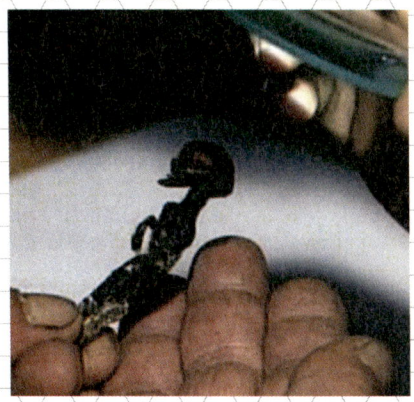

陸の未確認動物

2002年10月1日、南米チリのコンセプシオンの灌木の茂みの中から発見された7センチほどのミイラ。あまりに人間に似たその姿から、エイリアンの死体ではないかと話題に。いずれにせよ、実際にチリでは2足歩行する小型の未確認生物の写真が撮られたこともある。まだ人類の知らない未知なる生物が、地球上に存在するのか。

▲発見当初はまだ生きていたというが、何ものかに攻撃を受けていたため、8日後に息を引き取ったという。

DATA
- ★チリ ♣異星人／フクロネズミ
- ♠2002年発見／7センチ

● 驚異の人体果実 ● # ナリーポン

▼タイの寺院に安置されたナリーポン（マカリーポン）。

タイの首都バンコク北方にある寺院には、「ナリーポン」と呼ばれるとても小さなミイラが大切に祀られている。これは、古来タイに伝わる半人半植物の美女の妖精のことで、西洋のマンドラゴラとほぼ同意である。樹木の実として誕生するが、1週間たつと子供大の大きさになって木から落ちる。そして、1週間ほどで死んでしまうというのだ。実はタイにはこうしたナリーポンが祀られている寺院は、数多くあるらしい。往時の姿を見てみたい！　そう思うのは筆者だけではないだろう。

最強のUMA図鑑

●ブタ男● ピッグマン

　左は2009年秋、アメリカ、バーモント州モントピリアに出現したブタの顔をした「ピッグマン」のものだといわれる謎の写真だ。当地では、車の往来が少ない道を走行していると、異様な姿をした男が猛スピードで追いかけてくるという都市伝説がある。半人半獣の未知のUMAなのか、それともただの都市伝説にすぎないのか、さらなる情報がほしいところだ。

▲いずれもピッグマンを撮影したというビデオ映像の一部。残念ながら詳細はわかっていない。

DATA
★アメリカ、バーモント州
♠2009年目撃／サイズ不明

●未知の小人族● ペドロ山のミイラ

　1932年10月、アメリカ、ワイオミング州にあるペドロ山脈の峡谷。ここにある洞窟で発見された小人ミイラ。背丈が36センチだが、専門家による鑑定で推定死亡年齢が65歳とされている。ハーバード大学の調査でも、作り物ではなく本物であるという。X線写真でも骨格構造が認められたのだ。にもかかわらず、いまだ正体がわかっていない。かつてワイオミング周辺に小人族が住んでいたのだろうか？

◀ワイオミング州で発見された謎の小人ミイラ。

DATA
★アメリカ、ワイオミング州
★1932年発見／36センチ
★エイリアン／未知の小人族

●中国の未知生命体● 太歳

2005年7月、中国の広東省佛山市で呉という人物が川辺の泥の中からブヨブヨした謎の物体を発見した。棒でつつくと穴があいたが、しばらくして見ると、自己治癒でもするかのように穴がふさがっていた。これは一般的に太歳（たいさい）と呼ばれ、かつては不老不死の仙薬をつくるために必要なものだったとされている。その正体は生物と菌類のいわば中間にあたる変形菌だとされている。発見されることは稀である。まさにUMA的な存在だ。

▲表面を傷づけると粘液のようなものがしみだす。

●友好的な怪物● 多頭人

2009年7月ごろ、マレーシアの首都クアラルンプール郊外で謎の巨大生物が目撃される事件が相次いだ。大きさ3.6メートル、2足歩行しているが、体の上に頭がたくさんついていたというのだ。目撃者のアーメード・サチャリによれば、多頭人は友好的に声をかけてきたのだが、すぐに姿を消してしまったという。

DATA

- ★マレーシア　♣エイリアン
- ♠2009年目撃／3.6メートル

▲目撃者によって撮影された多頭人。

陸の未確認動物

最強のUMA図鑑

● 既知の霊長類ではない ● **ビッグフットの手**

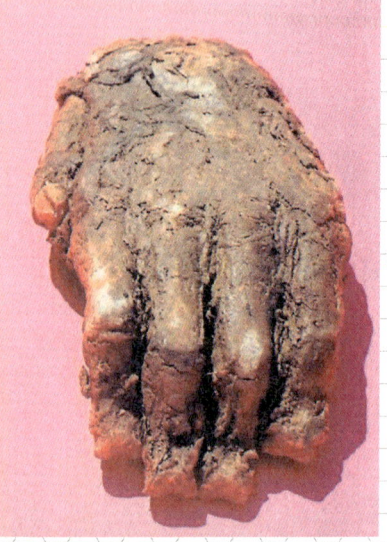

2001年、アメリカのモンタナ州ビュートで「謎の手」が発見された。獣人ビッグフットの手ではないかと憶測が飛び、さっそくDNA鑑定された。その結果、「ヒトのものではない」と判明し、全米の注目を集めるにいたった。X線写真も撮られたが、やはりヒトや既知の霊長類のものとは明らかに異なっているという。この手はビッグフット研究家のトム・ビスカーディのもとで防腐処理が施され、ビンに詰めて保管されている。

◀腐食のため指先が消失している。
▼ビンに保管された手

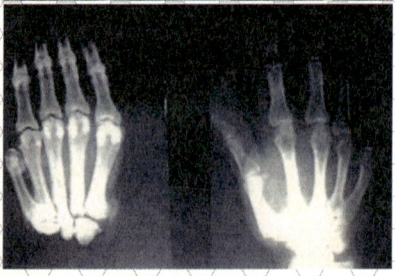

◀（上）現在の所有者ビスカーディ。（下）右側の人間のレントゲン写真と比べても別種のものであることがわかる。

第2章
日本の妖怪ミイラ

異界の住人である妖怪は人間の空想が
生み出したもにすぎないという。
だが、日本にはその実在性を問いかける
「妖怪ミイラ」が各地に存在するのだ！

最強のUMA図鑑

●最も身近な妖怪● 河童

カッパは川や沼、淵に棲息するという、いわば「妖怪型ＵＭＡ」だ。見かけは４、５歳の子供くらいの体格で、顔に口ばしがあり、背中に甲羅、手足に水かき、頭には皿があり、これが濡れている間はパワーがあるが、乾くと無力になってしまう、というのが通説である。カッパは江戸時代後期、あちこちに出没していたという記録があり、その証拠に日本各地には「河童の手」が数多く祀られているのだ。もちろん、現代にいたっても河童目撃談はあとをたたない。今も昔も不変的に起こるカッパ騒動、異界に帰りそびれた連中が、人目を忍んでひっそりと棲息しているのかもしれない。

▶後ろ足の長い手には3本の指が。もちろん、水かきらしきものも見える。

日本の妖怪ミイラ

▼佐賀県伊万里市の松浦一酒造で大切に祀られている河童のミイラ。

最強のUMA図鑑

●予言する牛● 件

　顔が人間で体が牛。「よって、くだんのごとし」と予言することから、予言獣として知られている。予言は人間にとって役立つものばかりだったため、ご利益をもたらす幻獣なのだ。実際に現存する件のミイラは、往時に予言をもたらしたのだろうか？

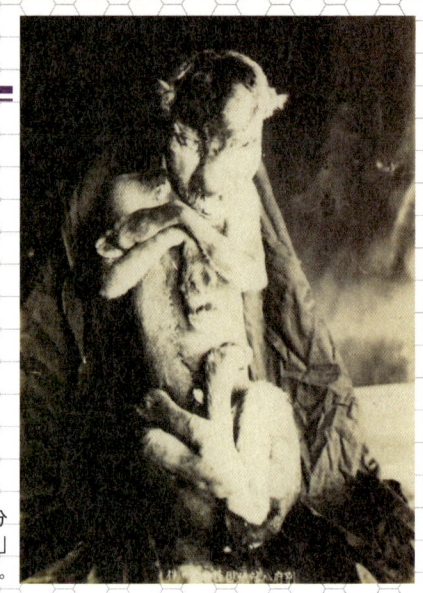

▶現存はしないが、かつて大分県の別府八幡地獄の「怪物館」に展示されていた件のミイラ。

●雷とともに飛来する● 雷獣

　雷獣といえば、江戸時代までは身近に知られた妖怪だったらしいが、いまではあまり馴染みはないかもしれない。日本では、新潟県長岡市の西生寺に「雷獣」と書かれたミイラが伝来する。ほかにも、岩手県の雄山寺に「雷神」として似た姿のミイラが訪れるものをなごましている。

◀新潟県の西生寺の宝物館に展示されている「雷獣」。ニホンネコに比べてみてもかなり大きい。

●異形の鳥人● 烏天狗

　2011年1月19日に、右の写真の烏天狗の正体がついに判明した。CTによる解析の結果、鳥の骨を和紙などで肉付けしたものだというのだ。残念とはいうものの、本来、烏天狗は修験者にとってのお守りであり、信仰のため、あるいはご利益のために欠かせないものだった。その文化的価値が貶められるわけではないのである。

▶和歌山県御坊市歴史民族資料館が2003年に公開した烏天狗のミイラ。

日本の妖怪ミイラ

●空を支配する幻獣● 龍

　龍は伝説の幻獣のなかでもっとも巨大なものである。竜巻や嵐とともに出現するその存在は、ときに神としても信仰されてきた。そうした龍のミイラは部位のみも含めて数多く現存するが、真偽はともかくとして日本固有の竜の姿を知ることができるはずだ。

◀大阪府浪速区にある瑞龍寺が所蔵する龍のミイラ。ただし、一般公開はしていない。

最強のUMA図鑑

●最強の妖怪● 鬼

鬼といえば、実在する生き物というよりは妖怪であり、実体をもたない霊的な存在である。だが日本には、実在の「鬼」として伝来する異形のミイラがいくつかある。角の生えた頭部や腕などが確認されているが、中でも唯一全身の残るものが、大分県宇佐市の大乗院に安置された鬼のミイラだ。高さは140センチだが、立ち上がれば身長2メートル。まさに魔人のごとき巨体である。ただし、九州大学の鑑定によれば、鬼は女性の骨と動物の骨が組み合わさってできている可能性があるという。ところが、ミイラの写真を撮ったあとに災厄があったという声もあるほどなので、信仰の対象として祀られているうちに、霊力が宿ったのかもしれない。

日本の妖怪ミイラ

◀大乗院に祀られている鬼の巨大ミイラ。現存している鬼のミイラの中でも日本一大きなミイラである。

▼かつて大分県本耶馬渓の羅漢寺に保管されていた「子どもの鬼のミイラ」。だが、火災により昭和18年に焼失した。

最強のUMA図鑑

●異形の幻獣● 人魚

　現代では目撃こそ少ないものの、日本のみならず世界で最も現存率が高いのが「人魚のミイラ」だろう。日本では、人魚の肉を食べて800歳まで長生きした八百比丘尼の伝説が有名だ。西欧では海辺で人間を惑わす妖艶な存在だが、人魚のミイラは美しくも妖しいイメージとはほど遠く、グロテスクで不気味なものばかりだ。たとえば、静岡県富士宮市の天照教社に安置されている人魚のミイラは、身長約1.7メートルで尾びれを反り、恐ろしい表情をしている。一方、イギリスの大英博物館に展示されているミイラは老人のような顔で、どこかしら愛嬌がある。鬼と同様に、真贋そのものの価値よりも信仰の対象として大切に祀られているものが多い。

写真＝小笠原成能

◀写真ではわかりづらいが、口のまわりに白いひげをたくわえた人魚のミイラ。イギリスの大英博物館に展示されている。これはかつて日本からイギリスに贈呈されたものであり、日本の人魚、なのだ。

▶静岡県富士宮にある天照教社に祀られている人魚のミイラ。折殺生欲の恐ろしさを伝えるために恐ろしげな形相で立っている。

写真=杉本保夫

日本の妖怪ミイラ

人魚、鬼、妖獣、烏天狗、河童、龍など、日本各地に今も眠る妖怪ミイラのすべてを徹底追究！

【決定版】**妖怪ミイラ完全FILE**
山口直樹 編著

異界の闇が生んだ魍魅魍魎の百鬼夜行！

オールカラー
写真総数約**300**点!!
闇の精神史を徹底追跡！

妖怪ミイラ完全FILE
山口直樹 編著／270頁／B6判／定価600円（税込）

絶賛発売中！

Gakken

第3章 獣人学データ

ビッグフット映像は捏造だったのか？
獣人の科学的な分析はあったのか？
UMA研究の中でも最も最先端をいく
獣人学の成果を中心に解説！

UMAと隠棲動物学

奥深い森や山岳地帯、鬱蒼とした熱帯のジャングルに潜む謎の獣人、広大な海や湖底に潜む巨大水棲獣、川や沼地に潜む異形のモンスター、空を舞う太古の翼竜もどきの巨鳥など……。

かれらは太古に滅亡せず現代に生きながらえてきた存在なのか、そしてその一部は地球外に起因しているのか、その答えをさぐり追究すること。これぞまさに「謎とロマンの世界」である。

既存の生物学・動物学の枠からはみ出した、かれら異形の生物・動物・巨大獣・奇獣たちを総称して、「UMA（Unidentified Mystery Animal＝未確認動物）」と呼ぶが、あくまでこれは日本独自の呼び名である。

欧米諸国では、こうしたUMAも含め、さらには未発見の新種の動物、現代まで生き続けてきた絶滅動物などを総括して「ヒドゥン・アニマル＝隠棲動物」と呼び、「クリプトズーロジー＝隠棲動物学」というれっきとした探究分野が、すでに確立されている。

きっかけをつくったのが"隠棲動物学の父"といわれるベルギーの動物学者ベルナール・ユーヴェルマン博士だ。

ギリシャ語の語幹である「kryptos（隠れた）」と「zoon（動物）」そして「logos（理論）」を組み合わせたものだ。同博士は1950年以降、この分野の研究と方法論の構築に専念した最初の動物学者である。

その後1982年、アメリカ、ワシントン州ワシントンDCに、「国

▲ベルギーの動物学者にして「隠棲動物学の父」と呼ばれる故ベルナール・ユーベルマン。

際隠棲動物学会」が組織された。同学会は、初代会長となったユーヴェルマン博士を中心に、"書物だけによる机の上や研究室の中での研究"では満足できない世界各地の生物学者や動物学者たちによって、その正体の究明はもとより、絶滅の危機に瀕しているかもしれない「隠棲動物」の事態を把握し、実際にフィールドワークを主体とする調査・研究活動が続けられたのである。その成果は、ニューズレターや年次の学会報で詳しく報告されている。

残念ながら、同学会の活動は1998年に停止してしまったが、現在は、イギリス、デヴォンシャーに拠点を置く「フォーティアン隠棲動物学センター」によって、その意志が受け継がれている。

同センターを主宰する動物学者のリチャード・フリーマン博士、同じくカール・シューカー博士らによって、「モンゴリアン・デスワーム」「野人」「オラン・ペンデク」の探査など、世界を股にかけたフォールドワークを主体とした活動が実施されているのだ。

日本は、どうなのか、というと現状はさびしい限りだ。

北は北海道の「クッシー」から南は九州の「カッパ」、沖縄の「キジムナー」、そして賞金が賭けられている「ツチノコ」など、それなりにUMAは出没しているのだが、学者が真面目に取り組むことはないし、そうした気運が高まったこともない。

欧米諸国と比べ、そこに大きなギャップがあるが、これは、もうお国柄といって割り切るしかないだろう。したがって、UMAの探求は、アマチュアの研究家や愛好家たちに委ねられているのだ。

俯瞰してみれば、世界には、まだまだ人跡未踏の地や秘境と呼ばれる地がまだ数多く存在している。UMAは伝説上の生物ではない。もちろん既存の動物の誤認や錯覚などでもない。UMAは純然と実在する生物だ。

そもそも、大きさや形態が既存の生物と異なっているにすぎないだけなのだ。その「UMA＝隠棲動物」たちだが、携帯電話や小型化したビデオカメラの急激な普及により、かれらの実態が撮影されて、"日陰から日向へ"と、スポットライトを浴びる日が、きっと来るにちがいない。

獣人学データ

イエティ探検隊の軌跡

　1951年11月、イギリスの登山家エリック・シプトンがエベレスト遠征からの帰途、標高6000メートルのメンルング氷河上で、巨大なイエティの足跡を撮影。この写真が公開されたのを契機に、「イエティ＝雪男」捜しの探検が行われるようになった。

　1954年、イギリスの「デイリーメール」紙が組織した探検隊が、ヒマラヤの3か所の僧院に祀られていた「イエティ」の頭皮を調査し、話題を呼んだ。この調査でゴリラに似た容姿の想像図が発表され、以後、「イエティ＝獣人」のイメージが定着。1960年、エベレストの征服者エドモンド・ヒラリー卿が、大探検隊を率いてヒマラヤを調査。この頭皮の1枚を持ち帰ったが、「ヒマラヤカモシカの毛皮」という分析結果がでて、「イエティの頭皮＝インチキ」説が広まった。

　だが、その前年の1959年、日本の東京大学医学部の「雪男探検隊」が、僧院のひとつから持ち帰った数本の毛を分析すると、「毛の髄質から見て霊長類、ことに類

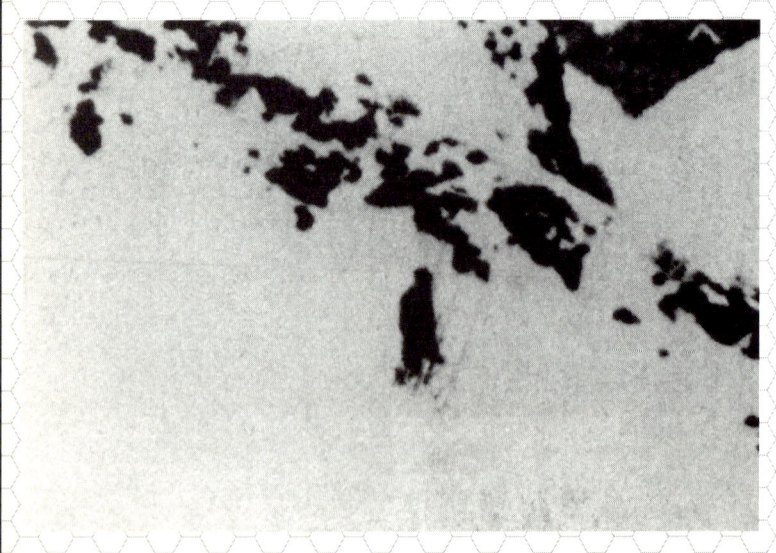

▲ウールドリッジが撮影した史上初のイエティ写真。岩陰から浮き出た獣人が見える。

人猿やヒトに近いものに属する可能性は否定できない」という結果が出ている。イエティの頭皮の正体は、今なお未解明のままだ。

1986年3月6日、ヒマラヤ一帯を旅していたイギリス人アンソニー・B・ウールドリッジが、ネパールとの国境に近いヘムマンドと呼ばれる森の斜面でイエティを撮影するという史上初の事件が起こった。体形や姿勢は人間似。頭部は角ばり全身が黒い毛で覆われていた。彼は、雪崩の心配があったので、ギリギリの距離（約150メートル）まで近づきカメラのシャッターを押した。

公開されたイエティの写真は、多くの専門家たちによってかなり信憑性が高いと結論づけられている。

1986年6月、著名なイタリアの登山家ラインホルト・メスナーが、西チベットの聖山カイラス（標高6656メートル）へ向かう途中、10メートルという至近距離で直立2足歩行する毛深い生き物と遭遇。「クマでもサルでもない。教科書に載っていない未知の動物だった」と述べ、翌1987年、遠征隊を組織してチベットに向かったが足跡を発見するにとどまった。

その後も、1998年10月、アメリカの登山家クレイグ・カロニカがエベレスト北壁で2体のイエティと遭遇。2002年10月、日本の登山家、小西浩文がヒマラヤ東部の標高1000メートルの寺院で滞在中の夜、約1メートルという超至近距離でイエティと対峙。恐怖でその場から逃走している。

イエティの正体は「ヒグマ」だ。とする主張があるが、これまで多くの経験豊富な登山家が至近距離から見た"それ"を、ヒグマなどと見間違うはずがない。こうした報告からも、イエティの存在が確実視されるのである。

獣人学データ

◀（上）分析されたイエティの毛。
（下）エドモンド・ヒラリー卿とシェルパのテンジン・ノルゲイ。

最強のUMA図鑑

世界の主な獣人地図

●アルマス
ソ連時代の科学者たちが本格的に調査し、その実在性を強く主張しているネアンデルタール系の獣人。

●ヒバゴン
1970年の夏から1974年まで広島県比婆山周辺で集中目撃された。

●ルクセンブルクの獣人
雪の町に出現した黒色の獣人。

●イエレン
中国神農架を中心に出没する野人。探索は継続的に実施されている。

●ルーマニアの獣人
ヴァレンシア山中に出現した茶褐色の毛に覆われた獣人。

●オラン・ダラム
マレーシアのジャングルに棲む剛毛の獣人。60センチの足が発見されている。

●オラン・ペンデク
スマトラ島に棲息する小型獣人。ホモ・フローレシエンシスの生き残りか。

●カクンダリ
ウガンダからコンゴにかけて棲息する小型獣人。体長は1mに満たない。

●イエティ
ヒマラヤ山系に棲息する褐色の獣人。直立2足歩行で、甲高い口笛に似た声を発する。

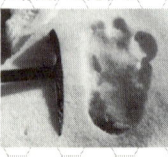

●アゴグウェ
タンザニア、モザンビーク近辺に棲息。全身を黒い毛に覆われ、体長は1.2〜1.5m。

●ヨーウィ
ニューサウスウェールズの山中およびクイーンズランドなど本土全域に棲息する茶褐色の巨人。

獣人学データ

◉モンタナビースト
モンタナ州に出現した、全身を毛に覆われた華奢な獣人。

◉ビッグフット
近年、集中的にビッグフットが目撃されているのがミネソタ州である。

◉グラスマン
オハイオ州に出現し、草でねぐらをつくる知能の高い獣人。巨大な足跡が発見されている。

◉ノビー
ノースカロライナ州に出現する伝説の獣人。目撃が増加中。

◉スカンクエイプ
フロリダ州に出現し、強烈な異臭を放つ猿人タイプの獣人。

◉モモ
ミズーリ州に出現した全身を毛に覆われた獣人。出現とともにUFO目撃が多発した。

◉ハニー・スワンプ・モンスター
ハニーアイランドの沼沢地に出現した3本指の獣人。

◉モノス
ベネズエラに棲息するという手足が長く凶暴な獣人。死体写真が残されている。

◉フォウクモンスター
アーカンソー州ボギークリークの沼地に棲息し、悪臭を放つ猿人タイプの獣人。

ミネソタ・アイスマンの真実

　1968年の末ごろ、ベルギーの動物学者ベルナール・ユーベルマンとアメリカの動物学者アイヴァン・サンダーソンの2人により、氷漬けになった獣人の死体の写真が公開された。

「ミネソタアイスマン」と名づけられたこの奇妙な生物は、アメリカ、ミネソタ州ローリングストーンに住むフランク・ハンセンが所有し、祭りやイベントなどの見世物として全米で公開されていた。

　その獣人はシベリア東部、ベーリング海峡の氷塊の中で旧ソ連船籍の漁船によって発見されたものだというふれこみだった。ユーベルマンらは氷漬けの死体を間近で調査。「体長1・8メートルで全身茶色の毛で覆われ、手足が異常に長く、腹部が樽のように膨らんでいるのが特徴」であると報告した。

　手は27センチ、幅19センチほどの巨大さだ。陰部に恥毛はなく、ペニスがまるみえだった。左眼から多量の血液が流れ出た痕跡もわかった。あるとき、溶けかけた氷から腐臭を嗅いだ2人は、これが作り物ではないことを確信した。さらに獣人の後頭部に銃で撃たれたとおぼしき傷があったことから、大昔に氷の中に閉じ込められたのではなく、射殺後に氷漬けになったことが判明した。

　では、獣人はいったいどこで殺されたのか？

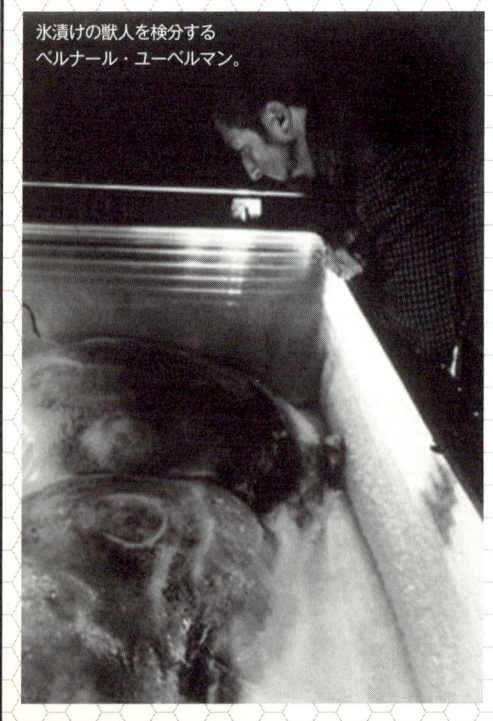

氷漬けの獣人を検分するベルナール・ユーベルマン。

その謎を解く鍵が、1966年の「ワールド・トリビューン」誌に掲載されていた。記事によると、ベトナム戦争時代、ジャングルで戦闘中のアメリカ兵たちが1頭の大型獣人を射殺したという。そして、その兵士のひとりがアイスマンを見世物としていた興行主フランク・ハンセンだったのである。ハンセンは戦死した兵士を運ぶ棺に死体を隠してアメリカに持ち込んだのだという。

当時、ユーベルマンは獣人の正体を「ベトナムの奥地に生き残っていたネアンデルタール人型人類の特徴を備えた動物」だと主張した。そして、このサンプルを「ホモ・ポンゴイデス」と名付け、独立した種として報告した。

だがその後、射殺体か否かをめぐってFBIが動きだす。それを受けたハンセンは「死体はハリウッドでつくらせたハリボテで、あくまで見世物」と告白したのだ。

こうして、フェイクの烙印を押されたミネソタ・アイスマンは、1973年にニュージャージー州で展示されたのを最後に、ハンセンともども行方不明になってしまったのだ。

後年、姿を現したハンセンによれば、本物のミネソタ・アイスマンの遺体はカリフォルニア州在住

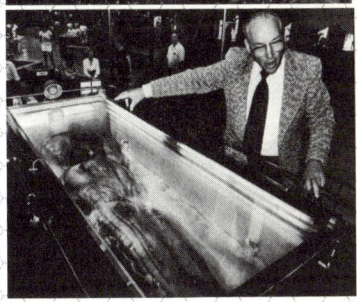

▲(上) ユーベルマンが描いたホモ・ポンゴイデス。これがアイスマンの正体だという。(下) アイスマンを乗せたトラックで全米を興行してまわったフランク・ハンセン。

のさるお金持ちの手に渡ったなどといい、結局、それ以上のことはわからないままになっている。

もはやハンセンの主張など何ひとつ信じることなどできないが、だからといってすべてを否定することもできなくなってしまった。真相は、謎のままである。ユーベルマンは2001年に他界する最後まで、ホモ・ポンゴイデスの実在を信じて疑わなかったという。

パターソンフィルムの検証

「ビッグフットの存在を示す証拠」だ、という1本のムービーフィルムがある。1967年10月20日、アメリカ、カリフォルニア州ユーレカのブラフクリークで、ロジャー・パターソンとボブ・ギムリンによって撮られた、俗にいう「パターソンフィルム」だ。

体長約2メートル、全身黒い毛で覆われたメスのビッグフットがクルリと振り返りながら悠然と森の中に去っていく。

この光景をおさめたフィルムは世界中に衝撃を与えた。だが、当時、スミソニアン大学霊長類研究所などの科学者たちは、フィルムを1回見ただけで、「インチキ＝着ぐるみ」だという見解を示した。

一方、旧ソ連のモスクワ科学アカデミーの科学者たちは、被写体を、形態学上、生体力学の両面から解析。「人間の変装ではない＝

本物説」を主張した。

　たとえば、歩行の際、大腿部にふくらみが生ずるという足の動きに、ヒトの解剖学的構造と違う点。ヒトでは、ふくらみがこれほど目立たないのだ。さらに、横顔のスチールから、頭髪の矢状縫合面における顔の部分と脳の部分の間の比率が、ホモサピエンス以前の人類の祖先の特徴をもつこともわかった。ゆえに、「よりヒトに近い」と判定したが、それでもずっと真贋論争が続いている──争点は、「毛皮のコスチュームを着た人間か否か？」ということに尽きた。

　2002年、ワシントン州のレイモンド・ワラスが「着ぐるみを着て撮影した」と死の直前に告白し、真贋論争に火がついた。ついで2004年3月1日に発刊された「The Making of Bigfoot」の中で、著者のボブ・ヘイロニムスが「パターソンフィルムは着ぐるみを使ったフェイクで、私が中に入っていた……」と、突然告白した。これによって、"やはりウソだった"、と決着がついた形となったが…。

　その後、彼の告白自体が怪しくなった。肝心の着ぐるみが存在せず、かつ撮影状況も説明できなかったからだ。パターソン未亡人やボブ・ギムリンも、「彼はウソつきだ」と非難。今では「本の宣伝行為だった」とされている。

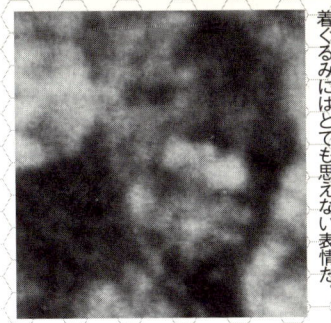

◀映像中のビッグフットの頭部を拡大。着ぐるみにはとても思えない表情だ。

　2010年1月、新たな展開があった。ナショナル・ジオグラフィック・チャンネルが、「アメリカン・パラノーマル＝ビッグフット」というテレビ番組で、霊長類学者らを加え、オリジナルのフィルムを使い、コンピューターを駆使して1コマ、1コマの再検証を試みた。

　結果は、「本物」。被写体は着ぐるみをきた人間ではなくて、生身のビッグヒットだったというのだ。決定的だったのが、体の大きさから比較して、かなり低い膝の曲がる位置。着ぐるみでは腕の長さは調節可能だが、膝の関節の位置を着ぐるみで短くすることはできないという。

　さらに尻の筋肉の動き。こればかりはコスチュームを使った実験でも再現できなかった。

　ちなみに、パターソンフィルムに匹敵、あるいはまたそれを超える映像は、いまだ登場していない。

獣人学データ

「冷凍ビッグフット」捏造事件

2008年8月15日、アメリカ、カリフォルニア州パロアルトで、200人を超える報道関係者が集まった記者会見が行なわれた。

そこで発表されたのは、なんとジョージア州北部の森林地帯で、ビッグフットの死体が発見されたというものだった。

会見者は、ジョージア州クレイトン郡の警官マシュー・ウィットン（当時病気休職中）と元刑務所看守のリック・ダイアーだった。同年6月、発見したのはハイキング中のことだ。その後、死体は厳しい警戒の中、さる場所の冷凍庫に保管され、DNAテストも行なった、というのだ。

記者会見では2枚の写真が公開され、さらにはDNAテストの結果も明らかにされたが、詳細な調査が済んでいないということで、その結果が即、「死体＝ビッグフット」につながるものではなかった。会見の際、記者たちとの質疑応答に励んだのは、発見者のふたりではなく、自称ビッグフットハンターのトム・ビスカルディ。

つづく8月17日、3人は半ば

凍ったままのビッグフットの死体をようやく公開した。

ビッグフット研究家たちが確認したところ、それは市販のゴム製の着ぐるみを偽装したものだった。ひと目見ただけでは、すぐわかるものではないが、溶けかかって出ていた毛先の一部に火をつけたところ、丸まったのだ。つまり毛が化学繊維であるのだから、作り物でしかない。さらに解凍してみると、足先がゴムでできていることがわかり、偽装が完全にばれたのである。

世界中のUMAマニアの胸を熱くした"世紀の大発見"の正体は、信じられないほどお粗末なものだった。それにしても、すぐにばれる嘘で世界をダマすなど、いったい彼らの目的はなんだったのだろうか？

ちなみに、着ぐるみは、一着450ドルでハロウィン用に販売されていたものだった。実は、ビスカルディなる人物、これまでにも何度か世間を欺いた過去を持つ、名うての"ヤラセ達人"だったのである。

獣人学データ

野生の人間

　ビッグフットの正体について、数多くのデータから「霊長類で、なおかつ類人猿ではなく、よりヒトに近い未知の生物」ということが考えられている。だが、あてはまる種までは特定されていない。

　そこで、ヒトの進化の系統をたどるという観点から、さまざまに推理・検討が行なわれ、ビッグフトの祖先として有力視されるのが、「大型類猿人の生き残り説」である。アウストラロピテクス・ロブストゥスと同ボイセイというこの2種だ。

　彼らは絶滅したのではなくて、その一部がまだ陸つづきだったベーリング海峡を渡って北アメリカで生き残って大型化したというのだが、証拠となる骨の化石が出てこないという弱点がある。

　そこで、ビッグフットの正体の一部は、野生化して獣人に変貌した人間なのではないか、という可能性も論じられている。

　1982年5月10日、ビッグフトがアメリカ、ロサンゼルスの市中に出現するという奇妙な事件があった。住民が騒いだため獣人は

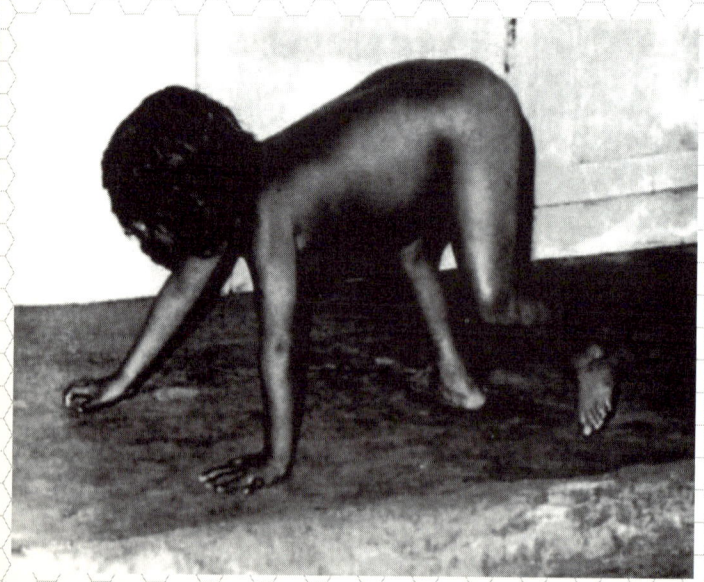

◀1973年にスリランカで発見されたオオカミ少年ティッサ。古来、野生動物に人間が養育されるという報告がいくつかある。

治水用の排水路に逃げ込んで姿をくらましましたが、後には強烈な異臭が漂っていた。描かれた目撃イラストは獣人というよりも、多毛な人間をほうふつとさせたのだ。

アメリカなら身長2メートル前後の人間はかなりいるし、足のサイズも30センチ以上は優にある人間もいる。このとき出現した獣人は全身多毛な人間だった可能性が濃厚なのである。

多毛は、人間の遺伝子にも起こりうる（アンブラス症候群）。だが、その多毛の人間が野生化する可能性は、限りなく低い。もちろん、絶対に起こりえないともいいきれない。2007年1月、カンボジアの首都プノンペンの北東にある小さな村に野人が現れた。サルとも人間ともつかない奇妙な生物といわれたが、その目撃スケッチは、髪が伸び放題の、どう見てもヒトだった。「獣人UMA＝野人化した人間」説も一理あるのではないだろうか。

だが、アメリカであまりに多く出現するビッグフットなどは、また別の仮説が必要になるはずだ。

獣人学データ

◀2011年にギネス認定を受けたタイの多毛少女。世界に数十人しかいないという多毛症の子供が野生化する確率は、あまりに低い……。
▲18世紀に人間に捕獲された巨大な獣人。それは人間と同じ種だったのだろうか？

現代に生きる化石霊長類

オーストラリアの獣人UMAヨーウィを長年研究しているレックス・ギルロイは、その正体を謎の化石霊長類「メガントロプス」が氷河期にジャワ島からオーストラリア大陸に移り住んできて、そのまま現代に生き残ったものだ、と主張。採取された体毛も高等霊長類の特徴を示しているという。

メガントロプスが、猿人と原人の中間だとすれば、全身を覆う体毛といい、道具を使うことといい、かなりヨーウィのとしての条件を満たしてくる。オーストラリアというのは進化が停止してしまっていた特殊な大陸だ。東南部のタスマニア島では、19世紀末までタスマニア人が原人そのままの生活をしていたし、原住民アボリジニたちは、いまだに旧石器時代人とよく似た生活を送っている。大昔オーストラリアにやってきたメガントロプスが、そのまま進化しないで現代まで生き延びて、それがヨーウィになったのだという説は、きわめて現実味を帯びてくる。

中国、湖北省の奥地、神農架に棲息するという獣人UMA「イエレン」の正体もまた、化石霊長類「ギガントピテクス進化説」が唱えられている。中国科学院古人類研究所の黄万波は、ヒトとサルの共通の祖先である始祖猿＝ギガントピテクスが進化する過程で枝分かれしたもので、イエレンの全体の形態、食性、そして運動能力の点においても、ギガントピテクスと一致すると指摘。湖北省一帯からギガントピテクスの化石も出土した。その子孫が神農架という特殊な環境で生き抜いてきたのだという。

▲アルマス研究の第一人者であるマリー・ジャンヌ・コフマン博士。

獣人学データ

　ユーラシア大陸北部の、かつてソ連と呼ばれた地域。その南部、コーカサス地方の山岳地帯に生息するというヒトに似た獣人UMA「アルマス」もまた道具を使うことで知られている。

　アルマスの外見は原始人をほうふつとさせ、平均身長も現代人とほぼ変わらないことから、アルマスの生態を研究するマリー・ジャンヌ・コフマン博士は、その正体を「人類の祖先」、つまり、現代まで生き延びた"ネアンデルタール人"だと主張している。

「3万年前、ネアンデルタール人は、突然、クロマニョン人にとって代わられたが、その一部は生き残り、山岳地帯で集団生活を営み、長年の重婚や環境により、全身に長い体毛が生えるなど容姿や体つきが変化していった。それがアル

▲生き残ったギガントピテクスの想像イラスト。

マスです」とコフマン博士は語っている。

　また、東京大学の尾本恵市博士（人類学）も、「ヨーロッパでは、クロマニョン人にとって代わられたが、中央アジアやシベリアにいたネアンデルタール人についてはどうなったのかは不明。よって、狩猟生活で十分やっていける大森林地帯のアルタイ地方では、ネアンデルタール人が生き残っている可能性がある」と語っている。

ビッグフットの体毛・足型

　1982年6月10日、ワシントン州南東部ワラワラ地区で指紋のついた足跡が石膏で型に採られた。長さ約37～38センチの巨大な足跡の親指、人指し指、小指に指紋が認められたのだ。

　1987年に、このサンプルが京都大学霊長類研究所で鑑定された。結果は、「指紋の密度、描く紋状などからヒトと大きく異なると思えないが、ヒトの指紋と広汎に似ているとも判断できない」とされた。指の指紋だけでは種を特定するまでにはいたらず、データ不足が指摘されたのだ。ちなみに、この巨大な足跡を残した者の身長は、計算上約2・5メートルになるという。

　1985年10月、ワシントン州アイランド郡山中で、ビッグフット出現現場の近くで採取されたという体毛が1987年に「日本毛髪医科学研究所」で鑑定されている。結果は、残念ながら「獣毛＝ヤマネコの毛」と判明。

　もちろん、本場アメリカでも体毛が分析されている。1976年、カリフォルニア州ビッグフット研

▲指紋が残されていた足型の石膏。写真は小指の部分。▶ワラワラ事件の火付け役となった、ポール・フリーマン。

究家のエリック・ベッグジョーが主宰する「未知動物資料センター」が提供したサンプルは、霊長類や人類学の専門家による分析で、"未知の霊長類"もの、との判定が出ている。

中国のUMA野人＝イエレンの体毛や糞便もしばしば分析されており、体毛の亜鉛の含有量が人間の50倍という結果こそ出ているが、やはり"未知の高度な霊長類"のもの、と推論されるにとどまっている。

現時点では、体毛の分析から推理できることはここまでで、その正体を決定するまでには至っていない。それは、絶対的なサンプルが少ないことと、分析のために持ち込まれた体毛と比較する基準がない（何々でないということはいえるが、ビッグフットやイエレンであると断定できない）ことが、どうしても2次的な証拠になってしまうのである。

獣人研究においては、もっと強力な"ハードエビデンス"が必要なのだ。

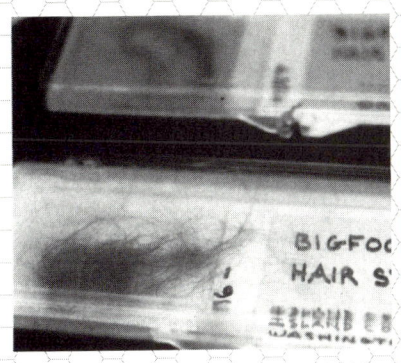

▲ビッグフット研究家のクリフ・クルックが所有するビッグフットの体毛。アメリカでは足型のほかに、このように採取された体毛も数多く確認されている。▶エリック・ベッグジョーが分析したビッグフットの毛の拡大。ゴリラやヒトの体毛とは、明らかに異なっているという。

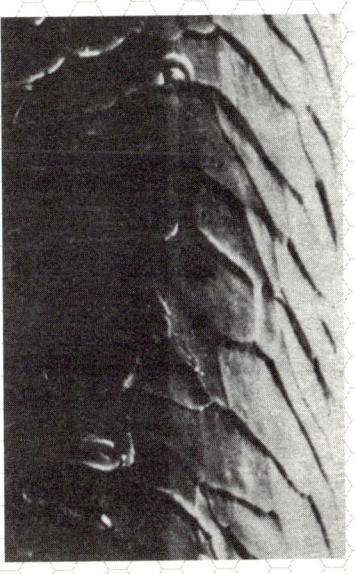

最強のUMA図鑑

Yeren

第4章
陸のUMA事件

毒液を放出する謎のデスワーム、
超常能力を発揮する謎の黒ヒョウ……
陸上に潜む妖しきUMAたちの事件と
データを紹介しよう！

ツチノコ探索のすべて

　日本国内のUMAの中で、存在する可能性がもっとも高いのが「ツチノコ」だ。「ノヅチ」「ツチヘビ」など地域によって呼び名が異なるが、その姿はあらゆるエリアで目撃されている。北は青森から南は鹿児島まで、北海道と奄美、沖縄を除く国内各地にわたっているのだ。

　ツチノコは、日本最古の歴史書である『古事記』をはじめ、さまざまな文献に妖怪的な存在として登場している。1970年代、そのツチノコの目撃が急増。「捕獲隊」が結成されるなど、全国的なブームになったが、捕獲も写真も撮られることなく「やはり幻の生き物」ということになりブームが下火になった。

　ところが、1980年代後半から岐阜県加茂川郡白川村を中心に、有力な目撃情報が続出しはじめた。「長さ40センチくらいのビール瓶のようなヘビを見た」「茶畑のなかで寸胴なヘビをみた」など、目撃者の多くは日ごろマムシなどを見慣れている人たちだった。

　彼らが見た怪蛇は、ツチノコだ

ツチノコ図解

- 頭●三角形で平たい
- ウロコ●普通のヘビより大きく、1枚が大人の小指の爪ぐらい
- 背●中央部が高く2本の隆起がある
- 目●普通のヘビよりも大きくて鋭い
- 首●細くくびれている
- 胴●全体がワニの川のような硬いウロコに覆われている
- 尾●細くて短いが、木の枝に巻き付けてぶらさがることができる
- 行動●ツチノコは、蛇行はせず、体を伸ばしたまま前進後退できる。ときにシャクトリムシのように動くこともあるらしい。威嚇するときは胴を張り、尾部で立ち上がることができる。

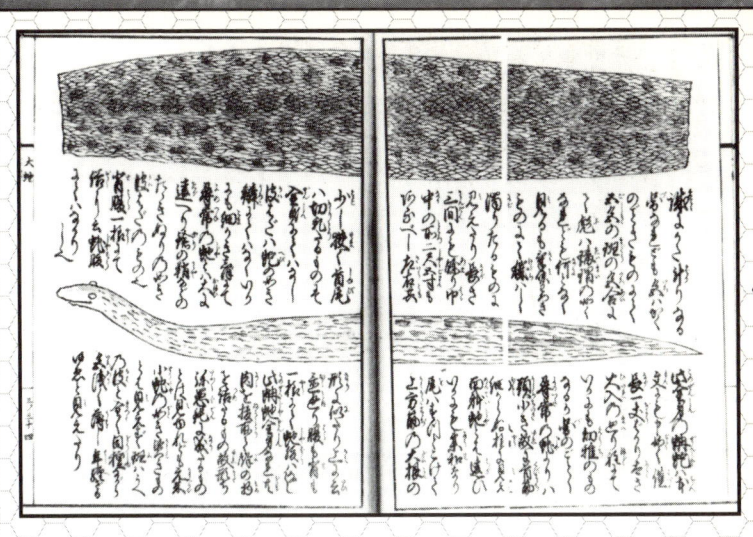

▶『想山著聞奇集』(江戸末期)に掲載されたツチノコらしき生物。

陸のUMA事件

った可能性がきわめて高かったのである。

その後、和歌山県那智勝浦町、茨城県土浦市でも、ジャンプしたビール瓶に似たヘビや、しゃくとり虫のようで這って進む寸胴のヘビが目撃され、その姿・形から「ツチノコだ!」と話題になった。

1988年、ツチノコの目撃が相次いだ奈良県下北山村が、生け捕り賞金100万円をかけて探索イベントを実施。これに続けとばかり、広島、兵庫、京都などでも賞金が設けられ、探索イベントも行なわれて全国的なツチノコブームへと発展した。1992年には、兵庫県千種町で、なんと2億円の賞金を懸けた捕獲イベントが実施された。しかし、いずれのイベントでも目撃はおろか捕獲するまでにはいたっていない。

2000年5月24日、岡山県吉井町で、ツチノコらしき死骸が発見され、大騒動になったが、専門家はヤマカガシではないか、と鑑定。

だが、その3日前に、シャクトリ虫のように這い、草刈り機をはね返すほど丈夫な皮膚をもった怪蛇が目撃されていることから、付近にはツチノコが、今でも潜伏している可能性がある。

ツチノコはもっとも実在性の高いUMAである。もしこれが絶滅寸前だったら、早急に種を保存すべく対策を講じるべきだ、という意見も出ている。

最強のUMA図鑑

毒獣モンゴリアン・デスワーム

　モンゴル高原の標高1000メートルに位置するモンゴルのゴビ砂漠。その不毛の地に、世にも恐ろしいUMAが潜んでいる。その名も「モンゴリアン・デスワーム」。赤や茶褐色に黒い斑点がついた体表をもつミミズ型の軟体UMAである。

　体長は50センチから最大で1・2メートル。性質は獰猛きわまりない。その姿は雌ウシの腸に似ていることから、現地では「オルゴンコルコイ（"腸虫"の意）」などとも呼ばれている。

　伝えられる話では、通常、デスワームは砂の中に穴を掘って潜

▲モンゴリアン・デスワームの再現イラスト（イラストレーション＝藤井康文）。

み、ゴビ砂漠の雨期である6月から7月にかけて、その醜悪な姿を地上に現す。そして、数メートル先から獲物に対して飛びかかるように襲い、口から黄色い猛毒の蒸気のようなものを噴出。あるいはまた数メートル離れたところから火花放電を飛ばして感電に似たショックを与え、人や動物を殺すという超常的な能力を秘めているのだ。

記録をさかのぼると、1800年代初頭に、ロシア人科学者からなる研究チームによって、その存在が確認されたとある。

当時の現地調査では、実に数百人がその毒の餌食になって殺されたと伝えられている。その後は1922年にアメリカの古生物学者R・アンドリューズ教授が、さらには1946年に旧ソ連の古生物学者F・ユレノフが、その存在について若干触れていたにすぎない。したがって、デス・ワームとは伝説のみがひとり歩きしてきた。

2005年5月、イギリスの学者たちで組織された研究チームが本格的な調査を実施。デスワームの死骸を見つけた男が、死骸を鉄板に乗せたところ、鉄板が緑に変色。死骸をフェルトで3重に包むと布地も緑色に変色し、体はなめし皮のように縮んだとか。あるいはまた、馬に乗っていた男がデスワームを発見し、手に持っていた家畜を追う棒でデスワームをつついた。その途端、棒先は緑色に変化し、馬も乗り手もその場で死んだという話を聞きだした。

また目撃体験者を捜し出して、その地点に罠を仕掛けるなどの試みを行なったが、残念ながらデスワームを誘い出すことも、その姿を目撃することもできなかったという。

その正体について、「デンキウナギの進化説」「珍種のミミズトカゲの変種説」などがあげられているが、写真に撮られたことも捕獲されたこともない、実態不明な謎のUMAなのである。

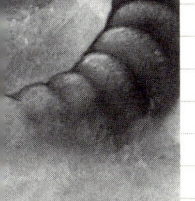

陸のUMA事件

ジェヴォーダンの獣

　1764年から1767年にかけて、フランスのジェヴォーダン（現ロゼール）地方で「オオカミもどき」の大型の野獣が出没、人々を襲い、殺戮するという恐怖の事件が多発した。

　この謎の野獣は「ベート」と呼ばれ、後に、この事件は「ジェヴォーダンの獣」として語り継がれている。目撃者たちによれば、ベートは、大きさが牛ほどもあり、俊敏で全身赤茶色の剛毛に覆われ背中の縞模様と長い尾が特徴的だったという。

　牙をむき威嚇するグレイハウンドのような面構えのベートは、女性と子供ばかりを殺害したが、その数は100人とも130人以上ともいわれている。ただし古い記録なだけに正確なところは不明。奇妙なことに、なぜかベートは成人男性を襲わなかったのだ。

　当時、見かねたルイ15世が討伐隊を派遣。1765年に派遣されたアントワーヌ・ドゥ・ヴォーテルが1匹のオオカミを仕留め、これぞベートだとされた。だが、その後も謎の野獣による殺戮が重ねられ、このオオカミがベートではなかったことが判明した。

　再び女性や子供たちはいつ襲われるかもしれない恐怖におびえる

▶イヌともオオカミともいえない奇獣「ジェヴォーダンの獣」。

▲女性を襲うジェヴォーダンの獣。たびたび討伐隊が組まれたが、ついに1767年に射殺される。

日々を送ったが、1767年6月19日、そのベートはジャン・シャステルという人物と対峙。ライフルで射殺され、事件は落着したということになっている。

だが実は、シャステルは「ジェヴォーダンの獣」事件の真犯人だ、ともいわれている。同地のカトリック教徒を計画的に殺したというのだ。というのも、ベートの出没現場が、カトリック地域と一致し、被害者のほとんどがカトリックだったからだという——。

この血に飢えた野獣UMAベートの正体は、いったい何だったのだろうか？

シャステル一家は、風変わりな動物を多数飼っていたそうだ。人間を襲った野獣ベートは、実はシャステルが人間を襲うよう仕込んだオオカミとシマハイエナ、あるいはマスティフ犬などの混血だったのではないか、ともいわれている。

シャステルは、真の黒幕であるイギリスのプロテスタントの指示で、実際に人々を殺害し、その後始末をベートにさせていたが、凶行がばれそうになったとき、ベートを撃ち殺した、つまり自作自演だったのだ、というのである。

しかし、この話もいくつかあるエピソードのひとつでしかない。事件の真相は、今なお深い闇につつまれているのだ。

陸のUMA事件

エイリアン・ビッグ・キャット

　未知動物研究家は、本来の生息域ではない地域に棲む大型ネコ科のUMAを「エイリアン・ビッグ・キャット（略してＡＢＣ）」と呼ぶ。

　エイリアンといっても、もちろん地球外の生物やＵＦＯではない。これは"異邦の生物"を意味し、その活動域はイギリスが中心だったが、最近ではアメリカやオーストラリアにまで波及している。

　ＡＢＣは肉食だ。罠などものともせず、頑丈なゲートを破壊した家畜を襲って食いあさる。ノースカロライナ州デイビッドソン郡では、黒っぽい色の大型のネコが去ったあと、獣医師が現場に残る糞を分析したところ、ネコ科の動物の特徴をもっていたという。

　ノースカロライナ動物園の大型ネコ科動物の専門家は、ＡＢＣの正体は、ペットとして飼われていた外国産の黒ヒョウやピューマが逃げ出して家畜を襲っていると考えている。

　ＡＢＣの発祥はイギリスだ。1963年７月、ロンドン郊外の田舎道で、チーターのような野獣がパトカーを飛び越えていくという事件が発端となり、同年、目撃は年間300件を超え、イギリスでもっとも知られたＵＭＡとなった。

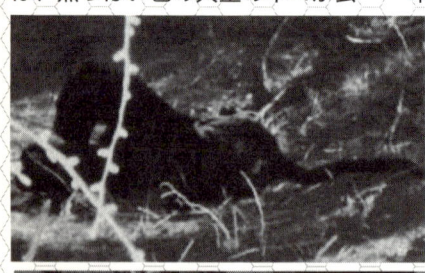

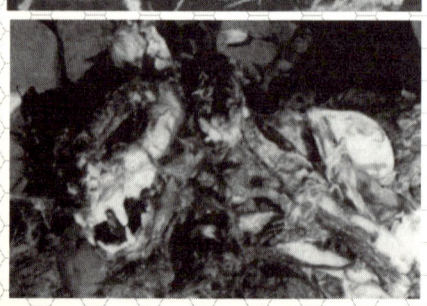

◀（上）ＡＢＣのなかでも、体色が黒いことから黒ヒョウの化身とまでいわれ、ときにテレポーテーション能力を秘めている魔獣は「モギィ」と呼ばれる。2005年にイギリスに出現したこのモギィは、目撃者が銃撃しようとしたところ、まるで大気にとけ込むようにフッと姿を消してしまった。
（下）スコットランド、インヴァネス市で発見された無気味な生物の死骸。多くの研究家たちによれば、これはモギィのものであるという。

▶目撃者によるABCのスケッチ。その姿は黒ヒョウに酷似している。

陸のUMA事件

　出現地域も1990年以降、南西部ばかりでなくイングランド、スコットランド、ウエールズ、アイルランドを含めたほぼイギリス全土にわたっている。ピューマや黒ヒョウ、あるいはオオヤマネコを彷彿とさせるABCは、写真や動画にも多く撮られている。

　その正体だが、イギリスでは、太古に棲息していたオオネコの末裔とする説、動物園から逃げだしたピューマや黒ヒョウなどの猛獣もしくは捨てられたペットが野生化し、ヤマネコなどと交配した交雑種説があげられている。一方、アメリカでは、アメリカオオカミとジャーマンシェパードの混血だという可能性も指摘されている。

　2010年3月、情報公開法によってイギリス政府系機関である「英国自然局」から開示された統計資料には、「ABC」が「ビッグキャット」として明示され、調査してもその正体が未確定のものが40件以上も含まれていた。これは政府がABCの存在を公認していること示唆するものである。

　いずれ、政府主導で勢力的な調査が開始されれば、体毛などのサンプルのDNA鑑定によって、謎に満ちたABCの正体が明らかになると期待されている。

黒犬獣「ファントム・ドッグ」

　イギリスのUMAといえば、ネッシーとエイリアン・ビッグ・キャットが国内外を問わず有名である。エイリアン・ビッグ・キャットについては、その実害もあって解決が急務とされている。

　そのイギリスでは、16世紀ごろにネコとは別の奇怪な魔物が出現していたという記録がある。それが黒犬獣（ブラック・ドッグ）であり、超常的な力を操ることから、ファントム・ドッグなどさまざまな呼び名で呼ばれている。

　多くの黒犬獣は、光とともに訪れる。忌まわしき形相をしているため、ふつうの黒いイヌと間違えることはないようだ。

　目は炎のように燃えていて、閃光を放つこともある。場合によっては、近づくだけでも死んでしまうことがあるという。

　1907年にサマセット地方に出現した黒犬獣は、「炎が燃え上がって消えるように、宙に舞い上がって消滅してしまった」という。

　こうした現象は、自然現象を恐

▲黒犬獣による焼けこげた爪痕が残るブライズバラ教会の北口扉。（右）黒犬獣の出現を伝える教会のパンフレット。

▶2007年にダートムーア付近で撮影された謎の野獣。黒犬獣の再来か?

れる気持ちが具現化しただけだろうなどとよく説明される。だが、そうとばかりもいえない現象もあり、これらを無視するわけにはいかない。また、自然現象をなぜ「イヌ」という、かなり身近な存在に置き換えるのかも、それでは説明などできないからだ。

1577年8月4日サフォーク地方のバンゲイという町にファントム・ドッグが出現する。

当時、町は激しい落雷に見舞われており、住民たちはブライズバラ教会へ避難していた。

すると、空がにわかに暗くなり、教会が揺れ始めた。屋根の雨どいを掃除していた人物は、雷に打たれて即死。教会内が騒然とするなか、いつのまにか黒犬獣が姿を現したのだ。すると、住民のあいだを走り抜けて、祈りを唱えていた信者を突き飛ばして殺すなど暴れるだけ暴れてから消えてしまったという。なぜ、黒犬獣がこの教会に突然現れて、被害を及ぼしたのかは知るよしもない。

20世紀に入っても目撃はあるが、やはり超常現象的な色合いが強いのは否めない。

ところが、2007年7月、イギリス、デボンシャーのダートムーア付近で、謎の黒い獣が撮影された。その獣は、犬にしては大きすぎて、ずんぐりしている。野生のイノシシには見えない。

「これは黒犬獣の再来か!」と話題になっているが、幸いなことに、いまのところ忌まわしき被害は起きていないらしい。

陸のUMA事件

最強のUMA図鑑

Tsuchinoko

第5章 水の未確認動物

太古海竜の生き残りか？
突然変異の巨大魚か？
最新漂着獣から
未知の海棲生物までを一挙公開！

最強のUMA図鑑

●ロシアの漂着獣● サハリンの野獣

2006年8月、ロシアのサハリン海岸に漂着した奇怪な生物の死骸。ヒレの類いが見当たらず、体中には腐乱した表皮でなければ、毛ともひげともつかなものが生えている。イルカの頭骨と似ているが……。これと似た未知動物の死骸は、古くは1744年にもオランダで展示されたことがある。シーサーペント・タイプとしては代表的な漂着獣のひとつだ。

◀(上・下)サハリンに漂着した巨大なあごをもつ謎の怪獣。

DATA　Sakhalin Beast
★ロシア、サハリンの海岸
♠2006年発見／7メートル
♣シーサーペント

DATA　Raystown Ray
★アメリカ、ペンシルバニア州
♠1990年代目撃／5～10メートル
♣首長竜

●草食の水棲獣● レイ

90年代から目撃が増えているレイスタウン湖の「レイ」。2006年4月、地元の漁師が湖面を移動するレイの撮影に成功し、2010年2月にはダム付近でレイの背が撮影された。近隣の野生動物学者によれば、ボートや水辺の動物が襲われたことはないので、水棲草食恐竜の生き残りではないかという。湖は1912年にできた人工湖だが、このような目撃があるのは衝撃的だ。それでも確かに巨大獣は棲息するのだ。

▲(上) 2009年3月に撮影されたレイの背中。
(下) 2006年4月に漁師が撮影した湖面を泳ぐレイ。

●北欧の水棲獣● セルマ

　1750年ごろから、ノルウェー南西部にあるセヨール湖で目撃されてきた巨大なヘビに似た巨大水棲獣。2000年夏、ヤン・スンドベルが率いる世界水中探査チーム（GUST）がセルマ捕獲に乗りだし、2004年には鳴き声の録音とビデオ撮影に成功した。ただし体長は1メートルほどで、このときのものは幼体だと見られている。また、GUSTの調査時には、かつて1999年にアダム・デイビスが撮影したセルマとおぼしき映像が持ち込まれている。スンドベルは、古生代カンブリア紀の無顎類ヤモイティウスではないかと考えている。

▲2004年8月、研究グループ「GUST」によってビデオ撮影されたセルマ。
▼1999年にアダム・デイビスが撮影したセルマとおぼしき映像。湖面にコブが見える。

DATA　　　　　Selma
★ノルウェー、セヨール湖
♠17世紀目撃／6〜10メートル
♣ヤモイティウス

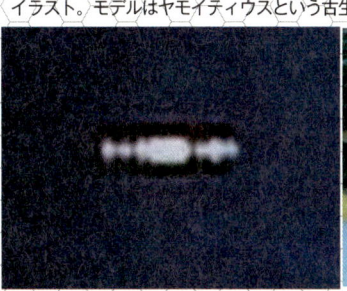

水の未確認動物

▼（左）2001年8月にGUSTが撮影したセルマとおぼしき影。（右）セルマの想像イラスト。モデルはヤモイティウスという古生代カンブリア紀の動物である。

最強のUMA図鑑

●パタゴニアのプレシオサウルス● ナウエリート

かつてアルゼンチンの1ペソ紙幣の裏には、ナウエルウアピ湖の水面から姿を現した水棲獣ナウエリートが描かれていた。最初の記録は1897年だが、それ以前から先住民が語り伝えてきた怪獣である。目撃証言は絶えないものの、真贋論争を招いた写真も多数公表されている。注目すべきは、ネッシー騒動に先駆けて、1922年にブエノスアイレス動物園長のクレメンテ・オネッリが大規模な探索隊を組織した点である。

DATA　　　　　　　　Nahuelito
- ★アルゼンチン、ナウエルウアピ湖
- ♠1897年記録／5〜40メートル
- ♣イクチオサウルス／首長竜

▲(上) 2006年4月、匿名の男性が現地の新聞社に持ち込んだナウエリートとおぼしき生物の写真。(下) 2008年11月、スペインで公開されたナウエリート。いずれも、世界中で真贋論争が起こった。

◀▲ナウエルウアピ湖で撮影されたナウエリートとされる写真。

●獰猛な未知のイタチ● ドアルクー

　黒い表皮に犬の頭だが、体はイタチのような姿をした獰猛な未知動物ドアルクーは、アイルランド西岸に位置するメイヨー州アキル島に棲息するという。目撃は古くからあり、1684年に遡る。2頭1対で行動し、獲物を湖に引きずりこむという。近年には目撃が少なく絶滅したのではないかというのが一般的な意見だった。だが、2003年にはショーン・コルコランが妻と一緒に、コネマラのオムニー島でドアルクーを目撃している。

▲(上) グレース・コノリーの墓に刻まれたドアルクーの浮き彫り。(下) イタチ。

DATA　Dobhar-Chu
★アイルランド、アキル島
♠1684年記録／2メートル
♣巨大イタチなど

水 の未確認動物

●ノルウェーの怪獣● クジュラ

DATA　Kudulla
★ノルウェー、スナーサ湖
♠2005年目撃／サイズ不明
♣巨大ウミヘビ

　2005年6月、ノルウェーのスナーサ湖で友人と釣りをしていたアイナル・ヨハネス・サンネスが謎の水棲獣を目撃、カメラ付き携帯電話で撮影に成功した。20メートルのほどの近距離だったが、勇気を振り絞って撮影したという。だが、データを確認してから顔を上げると、怪獣は姿を消していた。一帯は古来より大海蛇の存在が語り継がれており、かつての湖の名前からクジュラと呼ばれる。巨大な未知の大蛇が湖底でうごめいているのかもしれない。

▼サンネスが撮影したクジュラ。夕闇のせいで、ピントがかなりぼけているが、それでもかなりの巨大さであることがわかる。

最強のUMA図鑑

●カナス湖の影● カッシー

中国の観光地カナス湖には1985年以来、湖に巨大な生物が幾度となく目撃されている。このときは中国でも話題になり、調査チームが派遣された。結果、「タイメン（サケ科の大型淡水魚）」であるとされたが疑問も残る。2005年6月には体をくねらせて泳ぐ黒い物体、2009年には湖面に大波をたてた魚群、2010年7月には、近くの峰から湖面近くを泳ぐ巨大な黒い物体が撮影されている。

DATA Kassie
- ★中国新疆ウイグル自治区、カナス湖
- ♠1985年頃より目撃／体長約10メートル
- ♣巨大タイメン／プレシオサウルス

▲（上）2005年、遊覧船に乗った観光客が撮影した水面に現れたカッシー。（下）2010年7月に撮影されたカッシーの巨大な影。

●アラスカの漂着獣● カクラト

漂着した謎の生物の死骸は世界各地で発見されている。2008年7月、正体不明の漂着獣の死体が、アメリカ、アラスカ州ヌニバク島のメコリュクの岸辺に打ち揚げられていた。滑らかな表皮、長い首と尾から、地元では同地に語り継がれていた水棲怪獣「カクラト」ではないかと噂されている。ただし、サンプルすら採取されず、正体は謎のままだ。

DATA Qaqrat
- ★アメリカ、アラスカ州
- ♠2008年発見
- ♣グロブスター／伝説の怪獣

▲2008年7月、アラスカに漂着したカクラト。左側にゾウの鼻のようなものが突き出ている。「カクラト」とは、先住民族の言葉で「野獣のセイウチ」を意味する。

●漂着した腐乱獣● グロブスター

オーストラリアのタスマニア島やバミューダ諸島など世界各地の海岸に漂着する腐乱した巨大怪生物の死骸。かつて未解明現象研究家のアイヴァン・サンダースンがこれをグロブスターと名づけた。グロテスク、ブロブ（死体）、モンスターからなる造語である。一般的に、漂着した謎の死骸の総称といえよう。多くは骨格組織がなく、生物の特定が難しい。マッコウクジラの脂肪層のみが剥離したものとも考えられるが、なぜこうした現象が起きるのか、まだわかっていない。また、クジラではなく無脊椎動物だと主張する声もあり、未知生物の可能性を示唆している

水の未確認動物

▲2010年3月1日、ニューファンドランド島の岸辺に漂着した頭のないグロブスター。やはり正体は不明だ。

◀1960年8月にオーストラリア、タスマニア島西海岸に打ち上げられ、その姿が新聞に掲載された。

▲2007年5月に公開された「巨大カメ」。だがこれはのちにマッコウクラジと判明した。

▲2010年7月ごろ、沖縄に漂着したグロブスター。骨格がない肉塊で正体解明が待たれている。

最強のUMA図鑑

●角を生やしたヘビ● チャンプ

▶1977年7月、サンドラ・マンシーが撮影した有名なチャンプの写真。

DATA　　　　　　　　　Champ
★アメリカ、シャンプレーン湖
♠1609年記録／4・5～18メートル
♣首長竜／巨大チョウザメなど

1万年前にできた巨大な湖シャンプレーン湖で目撃される巨大水棲獣。地元先住民の間では、古くからこの湖には「角を生やしたヘビ」がいると信じられていた。1609年にはフランスの探検家がチャンプの存在を書き残しており、目撃報告は300以上もあるのだが、最も有名なものは1977年7月5日にサンドラ・マンシーが撮影した写真である。3年にもおよぶ調査の末、波形から判断して本物の生物であると、海洋生物学者ポール・レブロンド博士の評価を得たのだった。2009年5月31日には夕日を浴びた湖上から首を出して泳ぐチャンプらしき生物の映像がエリック・オルセンによって撮られた。続いて6月4日には体長15メートルほどの黒色の怪物の背中らしきものが目撃されている。

▲2009年に撮影された謎の怪獣。

●チャニ湖の怪獣● ネスキー

シベリア南部、カザフスタンとの国境に近いロシアのチャニ湖で、釣り人のウラジミールが怪物に襲われる事件が起こった。別の船に乗って事件を目撃した人びとによると、水面下に巨大なヘビのような生物が見えたという。チャニ湖では3年間で19人もの釣り人が不審な死を遂げている。しかも、いずれも大きな歯でかまれたあとが見つかったという。地元の人間はネスキーと呼んでいる。

DATA　Nesski
- ★ロシア、チャニ湖
- ♠2010年目撃／サイズ不明
- ♣巨大ヘビ／巨大ワニ

▲ネスキーが出現した場所を指す目撃者。

水の未確認動物

●地獄の牙● ホラディラ

DATA　Holadeira
- ★アマゾン川流域
- ♠1998年／サイズ不明
- ♣巨大カイマンワニ？

現地の言葉で「地獄の牙」を意味し、聖なる守護神として崇められている水棲獣。背中には半月状突起がある。1993年8月、ホラディラの正体を突き止めるべく現地調査に赴いたイギリス人のジェレミー・ウェイドが初めて撮影に成功。ボートから30メートル離れたホラディラの姿を捉えた。正体は巨大なカイマンワニだろうか？　いや、それではギザギザ状の突起は説明できないのだ。

▲1993年8月、ジェレミー・ウェイドが撮影したホラディラ。▼アマゾン川に棲息するカイマン種のワニ。

最強のUMA図鑑

●タウポ湖の怪生物● タウポ・モンスター

　ニュージーランド最大の湖、タウポ湖に棲息するといわれるネッシー・タイプの水棲獣。1980年に、未確認動物研究家のレックス・ギルロイが湖上を横切る巨大生物の撮影に成功した。暗褐色に見える怪生物は約10分にわたって湖面に姿を現しつづけたという。彼は、タウポ湖には20～30頭のタウポ・モンスターが棲息すると推定している。

DATA　　　　　Taupo Monster
- ★ニュージーランド、タウポ湖
- ♠1980年目撃／サイズ不明
- ♣首長竜

▲ギルロイが撮影したタウポ・モンスター。

●セネカ湖の怪物● ネッキー

　アメリカ先住民らによるとニューヨーク州にある広大なセネカ湖には古くから謎の怪物が潜んでいるという。1899年には湖を航行するオリティアニ号が謎の怪物に遭遇し衝突。怪物は死亡し、海底に没した。だが、このころから目撃事件は絶えることなく、2009年8月にはネッキーとされる謎の映像も公開されている。

DATA　　　　　Neckie
- ★アメリカ、ニューヨーク州
- ♠1899年目撃／約7・5メートル

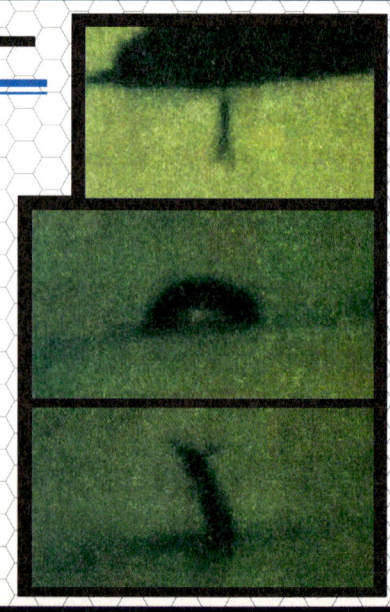

▶上から順に湖面から頭をつきだし、筒状の体をくねらせるネッキー。尾の先端は二股に分かれている。

● 神話的な巨大ウミヘビ ●

シーサーペント

おそらく海棲未確認動物のなかではもっとも目撃が多く、歴史が長い。シーサーペントとはウミヘビの意味だが、姿形や大きさは目撃例によってさまざまあり、海棲未確認生物の総称といってもいいだろう。古くは紀元前4世紀にギリシアのアリストテレスが「船を襲う巨大ウミヘビ」について書き残している。もちろん、航海における海の恐怖を具現化した神話的な生き物だといえなくもない。海で撮られた代表的な写真は1964年のものだ。フランス人カメラマンのロベール・セレックとその友人たちが乗った快速艇が体長約20メートルの怪物に遭遇。その姿は巨大なオタマジャクシで、背中には傷口があり白い肉が見えたという。世界的な真贋論争が巻き起こったほどだ。

水の未確認動物

▲1964年12月12日、オーストラリア、クイーンズアイランド州の沖合でロベール・セレックが撮影した推定20メートルにおよぶ巨大水棲獣。

DATA　　　　Sea Serpent
☆世界各地／体長20〜60メートル
♻モササウルス／巨大ウナギなど

▲船上の人を襲うシーサーペント。まさに巨大なウミヘビだったのだろうか？

▲大ウナギ、クジラなど、古来、シーサーペントはさまざまな描かれ方をしてきた。

最強のUMA図鑑

●ネス湖の怪物● ネッシー

イギリス、スコットランドのネス湖に棲息する。UMAを代表する怪物にふさわしく、もっとも探索が行われ、もっとも長期間にわたって目撃されてきた。中でも有名な写真が「外科医の写真」と呼ばれるもので、潜水艦の模型を利用したフェイクであると関係者が告白した。やはり、ネッシーは存在しないのか？ もちろん、そうともいえない。目撃証言はゴマンとある。長期間目撃されているのはネッシーが単体ではなく雌雄がいて、子孫を残しているからかもしれない。

DATA　　Loch Ness Monster

- ★スコットランド
- ♠565年 ※1933年から目撃が増加
- ♣オオウナギ／プレシオサウルスなど

▲1975年に、ボストン応用科学アカデミー調査団が捉えた水中の怪生物。このとき、ヒレや顔など貴重な部位の撮影に成功した。

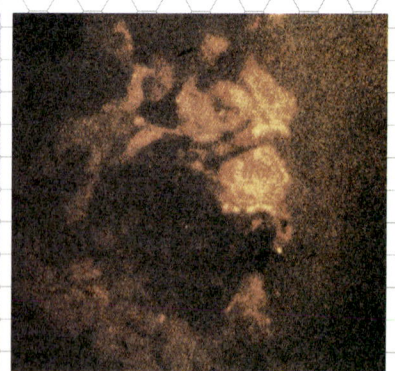

▲右の写真は、ボストン応用科学アカデミー調査団が捉えたネッシーらしき生物の頭部。一方、左の写真は、近年、湖底のウェブカメラで撮影されたというネッシーの頭部。いずれも似た輪郭をしている。

▲2002年、湖畔をドライブ中の夫妻が撮影したネッシーの連続写真。

▲(上) 1977年、アンソニー・シールズが撮影したネッシー。(下) 1934年に撮影された通称「外科医の写真」は後に捏造であると判明した。

▼(右) グーグルアースの衛星画像に映ったネッシーらしき航跡。(左) 2009年2月にたまたまネス湖を撮影した写真に写っていたネッシーらしき影。魚の死骸でなければ、ネッシーの体の一部だろうか？

水の未確認動物

最強のUMA図鑑

●巨大ウミヘビ● キャメロン湖の怪物

カナダのキャメロン湖では古くから黒色の巨大ウミヘビの目撃が相次いでいる。2007年にはその姿が撮影され、地元紙で大きな注目を浴びた。さらに、2004年から調査を続けているジョン・カーツ率いる調査チーム（科学的隠棲動物研究クラブ）は、ソナー探査で2009年9月19日に水深18メートルと24メートルの位置に2体の巨大な生物の姿をとらえた。

DATA　　Cameron Monster
★カナダ、ブリティッシュコロンビア州
♠2004年目撃／約4メートル
♣巨大ウナギ／ビーバーなど

▲（上）2007年に撮影された湖面を泳ぐ巨大生物。（下）キャメロン湖。

●極小獣● ミニネッシー

2004年9月、イギリス、パートン周辺の海岸に打ち上げられた奇妙な生物の死骸。発見者は近隣住民のジョアン・シングルトン。正体についてはイルカの胎児ではないか、とされている。やはりネッシーとは無関係なのだろうか？　現物は発見以降になぜか秘匿されたままで、それ以上の研究は進んでいない。

DATA
★イギリス、パートン周辺の海岸
♠2004年9月発見／約30センチ

▶4本のヒレを持つ。写真上側が頭のようだ。

●伝説の巨大タコ● クラーケン

©AP/AFLO

古来、ヨーロッパ各地で「海の魔物」として恐れられてきたクラーケンは海上に現れる巨大生物の総称である。何本もの触手を使って、船や人間を海に引きずりこむため、タコやイカなどの姿で表されてきた。実のところ、クラーケンの正体は巨大イカであると考えられている。その候補のひとつが深海に棲むダイオウイカで、天敵のマッコウクジラと戦う姿が幾度か目撃されている。1930年代には、ノルウェー海軍のブランスウィック号が巨大イカに襲われた。何本もの腕を船体に巻きつけてきたが、スクリューで傷ついたのか姿を消したという。ただしマッコウクジラほど強くはない。深海には、まだ未知なる凶暴な巨大イカが棲息しているのかもしれない。

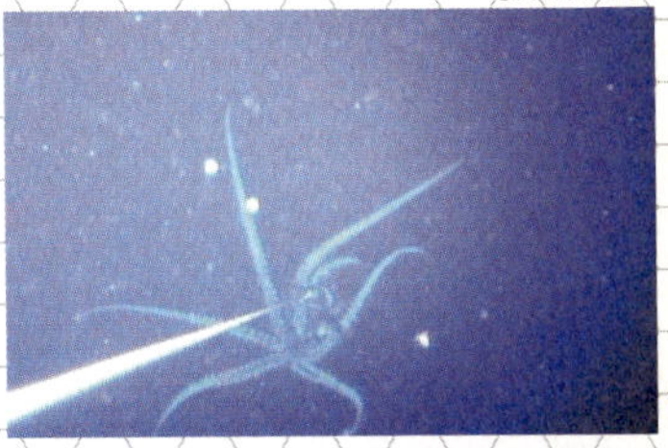

▲世界で初めて撮影され、小笠原で釣り上げられたダイオウイカ。全長8メートル。

DATA　　　　　　　　Kraken
★世界各地／体長20〜60メートル
♣モササウルス／ダイオウイカなど

▶(右)船を引き込むクラーケンの絵。(左)2007年2月に捕獲された全長10メートルの巨大なダイオウホウズキイカ。

水の未確認動物

最強のUMA図鑑

●1000ドルの賞金首● オゴポゴ

　カナダ、ブリティッシュコロンビア州のオカナガン湖では、古来、先住民たちが、湖の悪魔を意味する「ナハイトク」あるいは「ナイタカ」と呼ぶ水棲獣が出現していた。入植後は、1872年に蒸気船の上からオゴポゴの姿が目撃され、現在に至る。特徴はシャクトリムシのように全身を上下にくねらせながら泳ぐ姿だ。2009年7月には4本のヒレらしきものがついた謎の影が、オカナガン湖を写したグーグル・アースの画像から発見された。アメリカの「ニューヨーク・タイムズ」紙が1000ドルの賞金をかけたことでも有名だ。

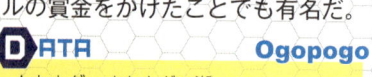

DATA　　　　Ogopogo
- ★カナダ、オカナガン湖
- ♠1872年目撃／6〜9メートル
- ♣ゼウグロドン、リュウグウノツカイ等

▲湖畔に置かれたオゴポゴの模型。

▲グーグルアースに写っていたオゴポゴらしき影（写真中央）。▼オゴポゴの正体は、深海魚であるリュウグウノツカイなのか？

▲1976年8月3日、エドワード・フレッチャーが西岸沖で撮影した細長い体をしたオゴポゴ。

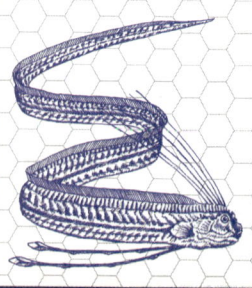

▲1985年に撮影されたというオゴポゴ写真。湖面にいくつかのコブが見える。。

▲2008年8月23日にショーン・ヴィロリアが撮影。最初は、パラシュートやカイトかと思ったが、湖を泳ぐ生き物であることに気がついて写真を撮った。推定12メートルほど水面から突き出ている首の色は、汚染による影響で染まってしまったと見られている。

▲1931年、友人と一緒にオゴポゴを目撃したパット・アイランドが描いたスケッチ。

水 の未確認動物

▲ダイバーが持つ標本袋に入っているのは、2008年に発見された「オゴポゴの幼体の死体」とされるもの。背中のコブがオゴポゴの特徴と一致する。事実ならオゴポゴは子孫を残し、繁殖していることになる！

最強のUMA図鑑

●獰猛な精霊● ミゴー

パプアニューギニア、ニューブリテン島中部のダカタウア湖に棲息する水棲獣。付近のブルムリ村に住む原住民たちは、古来、この怪獣を恐れ、「マッサライ（精霊）」と呼んできた。ミゴーは満月の夜になると陸に上がり、鳥や水草を食べるという。長い首にはタテガミ、手足はカメに似て、歯はカマスのように鋭く、体色は灰色がかった茶褐色だという。

DATA　　　　　　　　　　　　**Migo**
★パプアニューギニア
♠1972年調査／5〜10メートル
♣モササウルス／巨大イリエワニ

▲1994年1月21日、TBSの「THE・プレゼンター」取材班が撮影に成功したミゴーの映像。

●ヴァン湖の巨大獣● ジャノ

トルコ東部のヴァン湖（塩水湖）で巨大水棲獣ジャノの姿が撮影されたのは1997年5月のこと。このとき体長20メートルほどの姿が、ウナル・コザックによってビデオ撮影された。1990年ごろから目撃が増えたジャノは、潮を吹いたり、真上にジャンプしたりする。さらに夜中になると「ウォー」と鳴き声をあげるらしい。

DATA　　　　　　　　　　　　**Jano**
★トルコ、ヴァン湖　♣ゼウグロドン
♠1990年代／15メートル

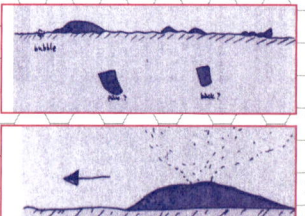

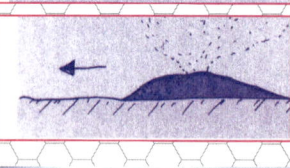

▼1977年にウナル・コザックがビデオ撮影したジャノのスケッチ。ヒレがあり、背中から潮を吹く。怪獣のスケッチ。

●コンゴの恐竜● モケーレ・ムベンベ

コンゴの奥地テレ湖周辺で目撃される水陸両棲の攻撃的な巨大獣。初の目撃記録は1776年にさかのぼるが、それ以前から原住民に恐れられている存在だった。度重なる探検隊が現地に訪れ目撃証言を収集したが、なかでも怪物の科学的根拠になったのが、1981年に実施されたハーマン・レガスターズらが率いた探検隊の成果だ。それは湖畔に響き渡った無気味な叫び声の音声記録である。アパトサウルスの生き残りか、あるいはオオトカゲの未知種か？

▲1980年11月にキーア・レガスターズが撮影。
▼K・ダッフィーが撮影した怪獣。ただし、捏造写真と見る向きも多い。

水の未確認動物

DATA　Mokele-Mbembe
- ★コンゴ共和国、テレ湖
- ♠1776年記録／8～15メートル
- ♣アパトサウルス／巨大オオトカゲなど

◀モケーレ・ムベンベのものと思われる巨大な足跡。歩幅からゾウのものではないとされた。▼サイの絵を見た原住民が「モケーレ・ムベンベだ」と主張したことから、怪獣＝サイ説をとる研究者もいる。

◀怪獣を襲う原住民の想像画。怪獣を食べた村が、全滅したという逸話が伝わる。

最強のUMA図鑑

●現代の海坊主● ニンゲン

ヒトガタ、あるいはニンゲンと呼ばれるこの未確認動物は、インターネット社会が生んだ都市伝説モンスターかもしれない。だが、実在しないわけでもなさそうだ。たとえば1958年2月13日、南極から帰還中だった宗谷丸の乗組員たちは、氷海から頭部をのぞかせ、頭頂部が丸くて耳が突き出た牛のような生物を目撃。10センチほどの毛が生えていたという。また1971年には金比羅丸が、海面から2メートルほど頭を突き出した、セイウチに似た未知生物を目撃した。さらに最近ではグーグル・アースが大西洋上にニンゲンらしき姿を捉えているのだ。

DATA　　　Ningen
- ★南極海など
- ♠1958年目撃／10〜20メートル
- ♣グロブスター？

▲いずれも出所不明の海を泳ぐニンゲン。ネット上ではさまざまなニンゲン写真が流れている。

◀1971年4月28日、日本のマグロ漁船「金比羅丸」がニュージーランドのサウスランド沖で遭遇した謎の怪獣。のちに「カバゴン」と命名された。これもまたニンゲンの一種かもしれない。

▲アフリカ大陸西岸のナミビア沖に写っていたニンゲンらしき物体。体長約15メートルほどで、両手を前に突き出している（©Google Inc.）。

●湖の未知大蛇● レイクサンド・ネッシー

2010年7月、アメリカ、ルイジアナ州南部のレイクサンド公園の湖で、以前より噂があった巨大なヘビのような水棲UMAが現れた。体には魚のようなウロコが見え、湖の名前から「レイクサンド・ネッシー」と呼ばれている。撮影者によれば、「胴は太く、長かった」。この数日前にも、犬を連れて周辺を散歩をしていたハンナ・ラムジーが大蛇のような長い尾をもつ巨大生物を目撃していたという。

▲2010年7月にラリー・ケナーが撮影したレイクサンド・ネッシー。

DATA　　Lakesand Nessie
★アメリカ、ルイジアナ州
♠2010年目撃／サイズ不明　♣巨大ヘビ

●ボルネオの神獣● ナブー

東南アジアのボルネオ島には、ナブーと呼ばれる巨大なヘビの伝説がある。龍の頭に7つの鼻をもつ神獣だ。2009年2月20日に同島のバレー川で地元の災害調査チームが、ヘリコプター上から川を蛇行する30メートルの巨大生物の写真を撮影した。

DATA　　　　　　Nabau
★ボルネオ、バレー川
♠2009年発見／30メートル
♣巨大ヘビ

▶(上)ヘリコプターから撮影されたナブー。(下)別の場所で撮影されたナブー。ただしこれらの写真はフェイクの可能性が高い。

水の未確認動物

最強のUMA図鑑

●引き揚げられた腐乱獣● ニューネッシー

　ニュージーランド沖で操業していた日本の遠洋トロール船瑞洋丸が、体長10メートルほどの謎の生物の死骸を引き揚げたのは1977年4月25日のことだった。数枚の写真が撮られたが、あまりの腐臭のため死骸は海に投棄された。その後、死骸から保存された組織の化学分析により、サメ類のアミノ酸比率に相当することが判明。ウバザメの軟組織が剥離した可能性があるとされた。だがサメに似た組織をもつ未知生物の可能性は否定されていない。またヒレの形状から海棲哺乳類ではないともされている。謎は深まるばかりだ。

DATA　　New Nessie
★ニュージーランド沖
♠1977年発見／首の長さ1.5メートル
♣ウバザメ／プレシオサウルスなど

▲漁船に引き揚げられた謎の生物。

▲甲板に下ろされた死骸を調査する乗組員たち。強烈な腐臭を放っていたという。

▲おそらく死骸の背中側。

水の未確認動物

▲瑞洋丸に引き揚げられた腐乱した謎の死骸。

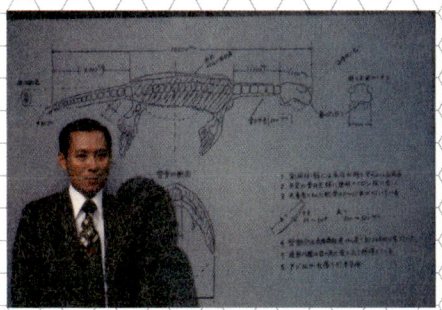

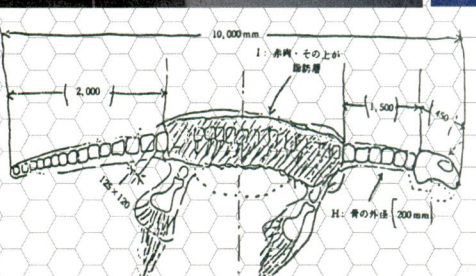

▲(左) ニューネッシーについての記録を数多く日本へ持ち帰った矢野道彦氏。(右) ニューネッシーの正体として、最も有力なのがウバザメ説。
◀死骸をもとにつくられたニューネッシーの骨格想定図。

141

最強のUMA図鑑

●巨大ウナギ● インカニヤンバ

▲現地の壁画に描かれた、ウマの頭にヘビの胴体をもつ怪獣＝インカニヤンバの姿。

DATA *Inkanyamba*
- ★南アフリカ、ホーウィック
- ♠伝承／10〜20メートル
- ♣巨大ウナギ

▲ボブ・ティーニーが撮影した、滝の巨大生物。95年に公開された。右はその拡大。

　巨大ウナギか大蛇か。南アフリカの古都ホーウィックには落差30メートルのホーウィック滝があり、霧深い日になるとインカニヤンバが出現するとされている。原住民のズールー族はここを聖域とし、捧げ物を置いて崇めている。南アフリカ南東部の河川には体長1メートルを超すウナギが確認されており、この怪物の正体もウナギが最も有力視されているのだが……。ちなみに50年ほど前、ズールー族の子どもたちがこの滝で遊んでいた。すると突然、その中の女の子が悲鳴を上げた。目撃者の話によれば、女の子は水中にいる何かに引き込まれるようにして滝に消えたという。1995年にはインカニヤンバの姿が撮影されている。
　鎌首をもたげた巨大なヘビのような怪物だ。だが、ご覧のとおり写真は鮮明とはいえず、実在する生物なのかは依然として謎のままである。

●州が保護する● メンフレ

DATA   **Memphre**

★アメリカ、カナダ
♠1997年目撃／サイズ不明
♣プレシオサウルス

▲1997年にパトリシア・ド・ブロワン・フルニエが撮影したメンフレらしき映像。▼中国の龍に似たメンフレの再現イラスト。

カナダのケベック州とアメリカのヴァーモント州の国境にあるメンフレマゴク湖には、「メンフレ」と呼ばれる大海蛇が棲息する。プレシオサウルスに似た姿をしており、先住民族にも伝承があるほどだ。体長は6～15メートル、濃褐色をしており、ウマのような頭部と長い首をもつ。何度も写真やビデオが撮影されているが、判別が困難なものばかりだ。ヴァーモント州議会は「メンフレ保護法」を可決し、メンフレの捕獲や殺害を禁止している。

水の未確認動物

●川底のネッシー● ホークスベリーの怪物

オーストラリア、シドニーのホークスベリー川周辺で1960年代から目撃されている首長竜タイプのUMA。ヘビのような頭部と長い首をもち、濃褐色の表皮にコブがついている。羊を襲ったという証言もあるから、肉食なのかもしれない。1979年にもローズマリー・ターナーが巨大な怪物を目撃している。ちなみに原住民アボリジニが残した壁画にも似たような首長竜が描かれており、彼らはこれを「ミレエウラ」と呼んでいる。

▼怪物とおぼしき巨大な影(点線部分)。

DATA   **Hawksbury Monster**

★オーストラリア
♠1980年代／サイズ不明
♣プレシオサウルス

最強のUMA図鑑

●凍結湖の怪物● ストーシー

　スウェーデン中部に位置するストーション湖は年間の数ヶ月は凍結する湖だが、この過酷な環境の中で目撃が多発している未確認動物が「ストーシー」である。古くは1635年の文献に記録されており、現在まで目撃証言の数は500を超える。まさにネッシーに勝るとも劣らない出現数を誇るUMAなのだ。目撃は19世紀にも奉告されており、1898年には生け捕り作戦が実施されたが、失敗に終わった。興味深いことに、ストーション湖を保有するイェムトラント県では、環境局が1986年以降、ストーシーを絶滅危惧種に指定し、捕獲や殺害を禁止している。

　とはいえ、一方で報道活動も加熱している。2008年には600万円ほどかけて、湖底にカメラが設置されると、ストーシーとおぼしき影が録画された。細部は判然としないものの、得体の知れない生き物は確かに棲息しているのだ。ストーシーの正体が明らかになる日は近いのかもしれない。

▲▶探査協会が撮影したステラーの水中ビデオカメラ映像。巨大なヘビのような姿だ。

DATA　　　　　　**Storsie**
★スウェーデン、ストーション湖
♠1635年記録／6〜10メートル

▲(右)文字記録は残されていないが、伝説の怪物の実在を今に伝える11世紀ごろのルーン石板。(左) 白昼の湖面に姿を現したストーシーとされる写真。

▼撮影されたストーシーの数少ない写真。これだけでは、未知動物か判断は難しい。

▲目撃証言に基づいて再現した怪獣ストーシー。

水の未確認動物

最強のUMA図鑑

●日本版ネッシー● イッシー

▶湖岸に設置されたイッシーくんの像。

▲1990年10月にビデオ撮影されたイッシー。

▲1993年10月25日、約2分間にわたって山本了氏がビデオ撮影したイッシー。

▼1978年、松原氏が撮影した初のイッシー写真。

　オオウナギの生息地としても有名な鹿児島県指宿市の池田湖の水棲獣。1978年12月16日にイッシーが湖面を波打たせて黒いコブを現すと、年内までに目撃者の数は200人を超えた。このとき撮影された写真はアメリカでコンピューター分析され、爬虫類のようなものが泳ぐ航跡として鑑定されている。その後も湖面を移動したり、浮き沈みする姿がビデオ撮影された。現地は細波の誤認も多く、イッシーの識別は難しい。とはいえ、存在が否定されるわけでもない。1986年に行なわれた水中ソナー探査では水中を泳ぐ巨大な物体が確認された。イッシーは、湖の主なのかもしれない。

DATA
★鹿児島県指宿市、池田湖
♠1978年目撃／20～30メートル
♣巨大オオウナギなど

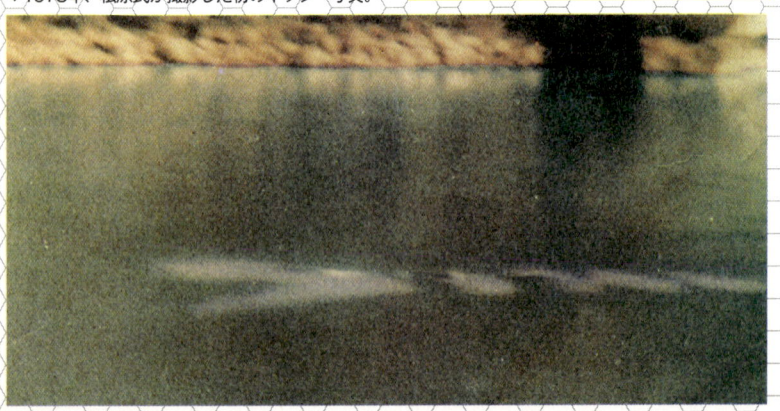

●屈斜路湖の怪物● クッシー

DATA
★北海道、屈斜路湖
♠1972年目撃／10～20メートル

◀屈斜路湖の湖畔に展示されたクッシー像。

▼1979年に初めて撮影されたクッシー。

初めて屈斜路湖にボートをひっくり返したような物体が目撃されたのは1972年。その後、1973年8月に、遠足にきた北見市北中学の生徒40人が湖面を遊泳する巨大な怪物を目撃、一躍全国で話題になった。その後、1979年に札幌市の会社員がクッシーの撮影に成功。屈斜路湖は1938年の大地震で湖水が酸性化しており、棲息している魚はトゲウオだけだったのだが、依然正体は謎のままだ。

水の未確認動物

●ロシアの巨大ヘビ● ブロスニー

モスクワから北西に400キロほどのところに位置するブロノス湖。ここに1997年1月、観光で訪れた一家が湖面を泳ぐ怪物を発見、撮影に成功した。鎌首をもたげた奇怪な生物が確かに写っている。初の目撃は1854年にさかのぼるが、いまだに正体は謎のままである。

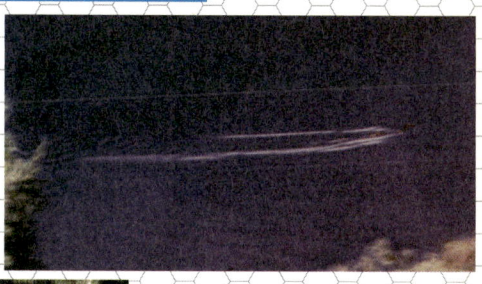

▲1997年に撮影されたブロスニー。写真ではわかりづらいが、長い尾が認められる。

DATA　　　　　**Brosnie**
★ロシア、ブロノス湖
♠1854年目撃／体長5メートル
♣巨大ヘビ／ネッシーの近縁種

▶正体はこのようなヘビが巨大化したものなのか？

147

最強のUMA図鑑

●鹿を惨殺した武器● ネッシーの牙

　2005年3月、ネス湖畔で奇怪な事件が発生した。まっぷたつに引き裂かれた鹿の惨殺死体が発見されたのだ。しかもその体には長さ10センチほどの牙のようなものが突き刺さっていたのだ。事件を聞いたネッシー研究家のビル・マクドナルドは、ネッシーのしわざだと確信。したがって、この牙もネッシーのものだと考えた。ネッシーが陸に上がって動物を襲う事件はかねてより報告されているから、その可能性はあるのかもしれない。

●エリー湖の怪獣● ベッシー

▼1991年にレピックスがビデオ撮影したベッシーの姿。

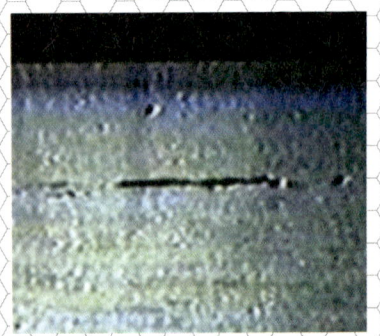

　北アメリカ五大湖のひとつ、エリー湖南岸には、少なくとも1817年から未知の水棲獣が目撃されていた。名前は湖畔で操業しているデービスベス原子力発電所にちなんでつけられたという。60年代から80年代にかけて目撃は途絶えることがなく続き、ついに1991年になるとジョージ・レピックスがビデオ撮影に成功した。さらに1998年6月には、波間に浮かぶ3つのコブが目撃されている。巨大な湖の底には、プレシオサウルスが存在するのかもしれない。

DATA　　　　　　　　　　**Bessie**
★アメリカ、エリー湖
♠1817年目撃／10〜18メートル
♣チョウザメ／大ウナギなど

●最新種のネッシー● ボウネッシー

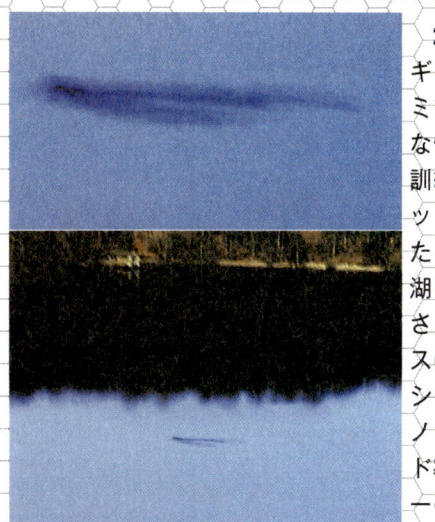

▲リンデン・アダムスが撮影した最初のボウネッシー写真。

DATA   **Bownessie**
★イギリス、ウィンダミア湖
♠2006年頃目撃／6〜15メートル
♣巨大ヘビ

2006年から翌年にかけて、イギリス北西部に位置するウィンダミア湖で湖面に巨大なヘビのような怪物の目撃が相次いだ。水泳の訓練に来ていたトーマス・ノブレットとそのコーチは、どこから来たのかわからない急な波を受け、湖に何かがいることを確信した。さらに写真家のリンデン・アダムスは15メートルにも及ぶボウネッシーの撮影に成功した。その後、ノブレットとディーン・メイナード率いる調査チームがボウネッシーの捜索にあたったところ、湖底に20メートルを越す影が確認された。さらに2011年2月には、トム・ピクルスが湖面を泳ぐ不思議な生き物を発見し、撮影に成功した。今後、ネス湖を超えるほどの注目を浴びることになるかもしれない。

水の未確認動物

▼2011年2月、カヤックで遊んでいたトム・ピクルスがカメラ付き携帯で撮影したボウネッシー。霧に覆われた湖面を泳ぐ怪物。

最強のUMA図鑑

●五大湖の水棲獣● プレッシー

　北アメリカ五大湖の中でも最大の面積を誇るスペリオル湖（淡水湖）に棲息する大海蛇。湖に注ぐプレスクアイル川での目撃が多いため「プレッシー」と呼ばれている。1894年に蒸気船の乗員が、水から2～3メートル突き出た未知の生物を目撃。さらに1930年には巨大なヘビのようなものが泳ぐ姿が目撃されている。先住民族のころから「ミシュピシュ」という名で伝わる伝説の怪獣なのだが、目撃が多いわりに、はっきりとした写真や映像はまだ撮られていない。ただし、中でも注目に値するのが1977年に撮影されたランディ・ブラウンの写真だろう。ハイキング中のブラウンは巨大なヘビのような怪物を目撃し、撮影に成功したのだ。そこには鼻を突き出したウマのようなプレッシーの頭が写っているのだ。

▲1977年にスペリオル湖でランディ・ブラウンが撮影したプレッシー。
▼拡大すると、巨大なヘビのような頭部であることがわかる。再現イラストは、撮影者ランディ・ブラウン（右）によるものだ。

DATA　　　Pressie
★北アメリカ、スペリオル湖
♠1894年目撃／サイズ不明
♣巨大ウミヘビ

●未知の海洋生物● デボンシャーの怪獣

2010年7月27日、イギリス南西部デボンシャーのペイントン沿岸で撮影された謎の海洋生物。生態調査中の観測船が発見した。ふたつのコブが見えるこの生物は魚群を追いかけていたので、クラゲを主食とするウミガメではない。目撃者によれば、怪物は1メートルほどで爬虫類のような頭部、長い首、褐色の皮膚だったという。

DATA Devonshire Monster
★イギリス、ペイントン沿岸
♠2010年／体長1メートル
♣プレシオサウルス

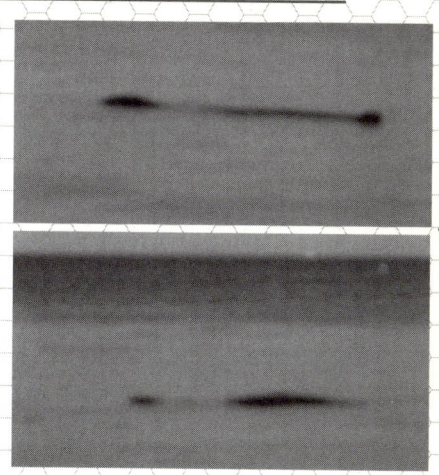

▲(上・下) 未知の海洋生物か？

水の未確認動物

●悪魔の竜● ニンキナンカ

▲巨大獣ニンキナンカの想像画。

DATA Ninki Nanka
★西アフリカ、ガンビア川
♠2003年目撃／10～15メートル
♣コモドオオトカゲ

現地の言葉で「悪魔の竜」。西アフリカのガンビア川流域に出現する水棲獣である。この怪物を見たものは即座に病気になり、死んでしまうために、目撃者の数はきわめて少ない。原住民の話では、成体は水中に住み、豪雨後の夜間のみ陸に上がる。幼体は大木の中か地中ですごし、成長すると水中に移るという。数少ない目撃情報によれば、まるでドラゴンのような姿をしているというから、コモドオオトカゲの未知なる巨大な近縁種なのかもしれない。

最強のUMA図鑑

●アイルランドの水棲獣● リーン・モンスター

アイルランド、コーク州のリーン湖で目撃された水棲獣。モーゴウルに似たタイプで、2本の角らしきものがあったという報告もある。目撃は少なく、情報は極めて乏しい。写真も1枚しかない。未確認動物研究家のロイ・マッカルが過去に2度ほど調査をしたが成果はなかった。

▲1981年8月にプロカメラマンのパット・ケリーが撮ったリーン・モンスター。▶付近のブリン湖で目撃された別の怪獣。リーン・モンスターの仲間か?

DATA　Leane Monster
★アイルランド、リーン湖
♠1981年目撃／6〜10メートル

●絶滅した魚か!?● 未知の魚

▼20世紀初頭に撮影されたミステリー・フィッシュとその拡大

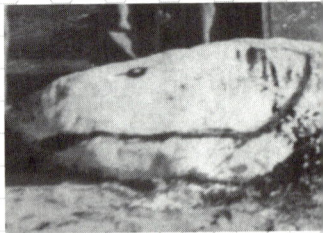

絵葉書に印刷された写真だが、2メートルはある謎の魚が写っている。形態からいえば雷魚に見えるが、それにしてはあまりの巨大さだ。おそらく隣に立つのはアメリカ海軍で第一次世界大戦時に東南アジアで撮影されたものだと推測されている。葉書の表側から1904年から1918年の間に出されたということしかわからないのだ。はたして、単なる作り物なのか。あるいは絶滅した未知の魚なのだろうか?

DATA　Mystery Fish
★東南アジア(フィリピン?)　★絶滅魚
★1910年前後に撮影／2メートル

●長い鼻のグロブスター？● トランコ

1924年10月25日の白昼、地元住民がマーゲート海岸の沖合で奇妙な姿をした巨大生物とシャチ2頭が激闘するのを目撃した。ゾウのような鼻をもったそれは、シャチの猛攻を受けて戦いに負けた様子だったという。その後、戦いに敗れた怪物のものとおぼしき、奇怪な死骸が打ち上がった。長い鼻をもつことから「トランコ」と呼ばれる。全身が白色で体毛が生えた未知の生物だというのだ。近年になって、そのトランコの死骸を写した写真が発見された。それはグロブスターに酷似しているが、たしかに鼻のようなものが認められるのだ。

▲(上) 目撃証言に基づいてトランコとシャチ2頭が戦う様子。(下) 実際の死骸の写真。
▼死骸の様子を描いた当時のスケッチ。

DATA　　　　Trunko
★南アフリカ
★1924年発見／15メートル

水の未確認動物

最強のUMA図鑑

●キャドボロ湾の大海竜● キャディ

　1905年以来、1世紀近くにわたってカナダのバンクーバー沖合を中心に目撃されてきたシーサーペント・タイプの怪獣。特にキャドボロ湾で目撃が多発するためキャドボロサウルスとも呼ばれる。頭部はウマかヘビに似ており、目撃談を総合すると、爬虫類と哺乳類双方の特徴をもつ。目撃が多いわりに写真は少ないが、死骸とおぼしきものが記録に残っている。残念ながら、骨は消失してしまったが、その正体を知るうえで、重要な証拠になるだろう。

DATA　　　Caddy
★カナダ、キャドボロ湾等
♠1905年目撃／9〜15メートル
♣ゼウグロドン／大ウミヘビ

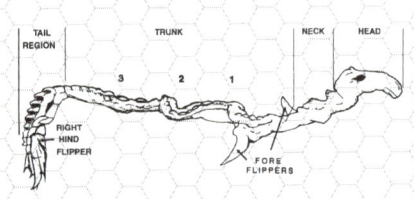

▶死骸をもとに復元された図。▼1937年7月、ナーデン港の捕鯨基地で、解体中のクジラの体内から出てきたキャディとおぼしき死骸。

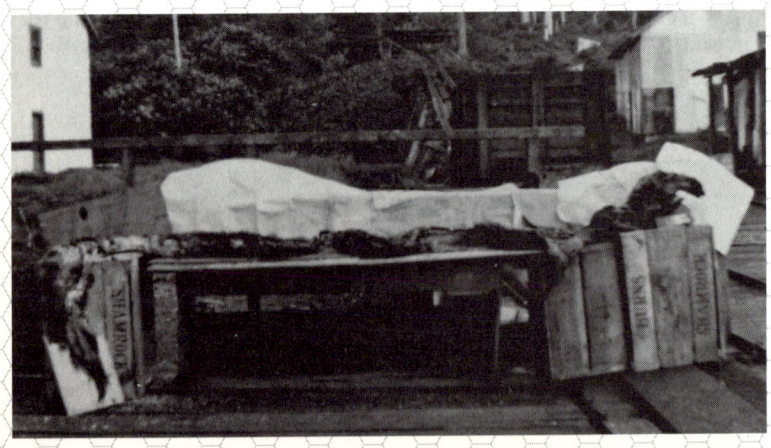

●中世の怪魚● シー・モンク

1546年、デンマークの海岸に奇妙な怪物が発見された。なんとそれは、僧侶のような頭部に、イカのような体をした魚だという、まことしやかな記録が16世紀スイスの博物学者コンラッド・ゲスナーによって残されている。アンコウのことを英語で「モンク・フィッシュ」というが、それではない。当時、知られていなかったダイオウイカか、奇形のセイウチなどではないか、とする見方もある。だが、人魚のような幻獣が実在したとすれば、シー・モンクはその仲間のような存在なのかもしれない。あるいは、まさに中世の都市伝説でしかないのだろうか？

▲博物学者ピーエル・ベロンが描いたシー・モンク（1555年）。

水の未確認動物

●ロシアの悪魔● ヤクートの怪物

ロシア、東シベリアのサハ共和国。この地にあるラヴィンクィル、ヴォロタ、ハイールという3つの湖には「ヤクートの怪物」と呼ばれる謎の水棲獣が棲息するといわれている。ラヴィンクル湖畔にあるトムポル村では、悪魔と呼ばれる不気味な怪物の存在が報告されている。1953年、旧ソビエト科学アカデミー地質部のヴィクトル・トゥヴェルドフレボフ主任が、この怪物と遭遇している。1964年にはついにN・グラトキフ博士がハイール湖で怪物に遭遇したものの、それ以上の成果を得ることはできなかったという。

▲ヤクートの怪物の目撃イラスト。

DATA　Yakut Monster
- ロシア、サハ共和国
- 1953年目撃／25メートル
- 首長竜

最強のUMA図鑑

●コーンウォールの怪物● モーゴウル

コーンウォール地方の古語で「シー・ジャイアンツ（海の怪物）」を意味する。公式に報告された最初のモーゴウル目撃例は1975年で、翌年にはファルマス湾にほど近いロゼミュリオン岬で長い首を下げ、背中にコブがあるモーゴウル特有の姿が撮影された。巨大なウミヘビではないか、とする研究者も少なくないが、目撃した海に詳しい漁師たちが否定している。だが、目撃が多いわけではなく、時期も1976年から77年にかけてがもっとも多く、それ以降はあまり目撃されていない。

正体としては、ネッシーと同様、プレシオサウルスではないかと考えられている。

▲（上）1976年2月匿名の女性が岬で撮影。（下）1977年1月、ゲリー・ベニトがパーソン・ビーチで撮影したモーゴウル。

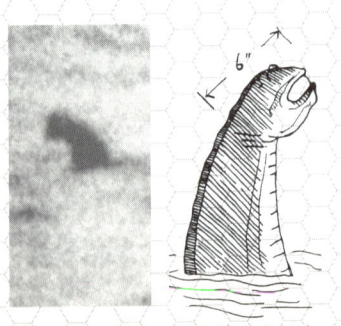

DATA　　Morgawr
- ★イギリス、ファルマス湾
- ♠1975年目撃／4〜18メートル
- ♣プレシオサウルス

▲（左）1976年11月、雑誌編集者デビド・クラークが撮ったモーゴウル。（右）クラークと一緒に怪物を目撃したドク・シールズによる再現イラスト。

●先住民族の神獣● ウィラタック

▼1736年に部族を野獣から守ったと伝わるウィラタックの再現イラスト。

アメリカ、ワシントン州シアトルのワシントン湖に出没する水棲獣。先住民族に語り継がれる怪物で、目撃記録は1763年にさかのぼる。

1968年には、湖でボートに乗っていたハリー・ジョセフ元陸軍大佐の一家が、ウィラタックを目撃しており、それによれば体長は約9メートル、黒くて丸太のように光っていたという。ただし、ここでは体長3メートルを超す巨大なチョウザメも見つかっており、その誤認ではないかとする説も根強くある。また、決定的な目撃写真も多いとはいえない。

DATA　Willatuk
★アメリカ、ワシントン湖
♠1763年目撃／約9メートル
♣チョウザメなど

水の未確認動物

●消えた骨格● ブロック・ネス・モンスター

1996年6月、アメリカ、ロードアイランド州の沖合に浮かぶブロック島付近で漁をしていた漁船の網に、謎めいた怪物の骨がかかった。体の後半部が切れているが、4.2メートルはある背骨と鳥のくちばしのようにとがった頭骨が特徴だ。頭骨の左右には触覚のようなものも認められている。その後、海洋生物学者のリー・スコットが調査のためにと持ち帰ったが、翌日、保管していたはずの冷凍庫から骨は消え去っていた。

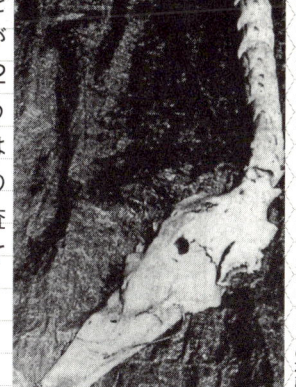

DATA　Block Ness Monster
★アメリカ　♣チョウザメ／未知の魚など
♠1996年発見／4.2メートル

◀発見時に撮影されたブロック・ネス・モンスターの死骸。

最強のUMA図鑑

●超巨大タコ● オクトプス・ギガンテウス

　1896年11月30日、アメリカ、フロリダ州セントオーガスティンでふたりの少年が砂浜に埋もれた6〜7メートル巨大な死骸を発見。死体を検分した地元の学者は、イエール大学のダディスン・ヴェリル教授（動物学）に連絡。教授は巨大タコと推定し、仮の学名「オクトプス・ギガンテウス」と名づけた。1971年にも、死骸の標本サンプルを分析したフロリダ大学の学者らは、未知の巨大タコ説を支持した。だが、マッコウクジラの脂肪であるとする主張もあり、正体は依然不明のままである。

DATA Octopus Giganteus
- ★アメリカ、フロリダ州
- ♠1896年／30メートル？
- ♣巨大タコ／クジラ

▲（上）海岸に漂着した謎の怪物を検分するために縄で回収する作業の様子。（下）当時のイラストの様子では、骨格のない、まさにタコのように見えたのがわかる。
◀死骸を検分した地元の学者デヴィッド・ウェッブ博士。

●未知の淡水生物● アルタマハ・ハ

ジョージア州を流れ、大西洋に注ぐアルタマハ川で、100年以上前から地元のタマ族の間で語り継がれてきた怪物だ。実際に、20世紀に入ってからも幾度か目撃されている。たとえば、1977年と1981年の記録を総合すると、人間と同じぐらいの胴回りで、体長は約6メートル。マナティーのような海棲哺乳類にも似ているが、背中にふたつのコブがある。目は大きくて、口には鋭い歯が並ぶ。体を上下にくねらせ、飛び跳ねるように泳ぐという。巨大ウナギ、小型クジラなどの説があるが、正体はいまだ謎だ。

▲アルタマハ・ハの再現イラスト。

DATA Altamaha-ha
★アメリカ、ジョージア州
♠20世紀初頭／約6メートル
♣未知の小型クジラ

水の未確認動物

●現存する恐竜か● ミンディ

オーストラリア、クィーンズアイランド州シングルトン地方の山々に囲まれたガリリー湖に棲息する怪物。アボリジニの伝承から「ミンディ」と呼ばれている。記録に残っている目撃は1950年代初頭から始まっているが、90年代になると目撃が増加した。たとえば1992年にはキャンプに訪れた人物が、沖合でふたつの巨大なコブが泳いでいるところを目撃している。研究家のレックス・ギルロイは「首長竜（プレシオサウルス）の生き残り」だろうと信じている。

DATA Myndie
★オーストラリア、ガリリー湖
★1950年代／9～15メートル
★首長竜／巨大ヘビ

▼ミンディの目撃スケッチといわれるもの。

最強のUMA図鑑

●湖の精霊● モラーグ

DATA Morag
★スコットランド、モラー湖
♠1893年目撃 ♣プレシオサウルス

　モラーグとは、ゲール語の「ヴォラック」（「湖の精霊」の意味）が語源であるという。すなわち古来、この湖には怪獣が棲んでいると語り継がれていたのだ。1893年には湖面で咆哮を上げる黒い影が目撃された。これが記録上、最古のモラーグ目撃報告だ。同じスコットランドのネッシーと近縁種のプレシオサウルスがその正体なのだろうか？

▲1977年1月、M・リンジが撮影したモラーグ（写真左下）。黒い影が湖面を漂っている。

●鉤爪をもつ怪物● ホワイトリバーの怪物

　地元先住民族の神話にも登場する幻獣で、アメリカ、アーカンソー州ニューポートのホワイトリバーに棲息。沿岸では長さ35センチほどの巨大な足跡が見つかり、1937年には水面から得体の知れない生物が姿を現した。1971年には背中にトゲがある灰色の生物が目撃され、後日、写真も撮影されたが判別は難しい。

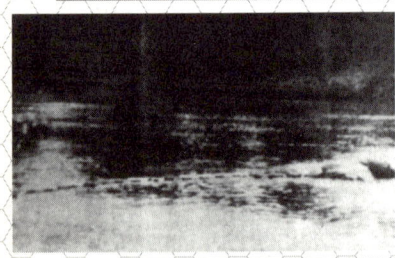

▲1971年に地元紙に掲載された写真だが決定的な写真ではない。▶怪物の正体はシーサーペントか？

DATA Monster of White River
★アメリカ、アーカンソー州
♠1915年／体長3・6〜9メートル
♣キタゾウアザラシ？

●海峡のネッシー● チャネル・クリーチャー

DATA
Channel Creature
★ドーバー海峡　♣ネッシー
♠ドーバー海峡／2009年目撃

▲2009年5月にドーバー海峡で撮影されたチャネル・クリーチャー。長い首が伸びている。

イギリスとフランスに挟まれたドーバー海峡周辺に、ネッシーに似た巨大水棲獣がたびたび出現することから、「チャネル・クリーチャー」と呼ばれている。2009年5月には、海面に浮上した姿がビデオ撮影された。ネス湖と海は海底トンネルで通じているという噂があり、「これはネッシーではないか!?」と推測する人々もいるほどだ。

水の未確認動物

●天池の水棲獣● テンシー

DATA
☆天池(中国・北朝鮮国境)／20世紀初頭〜／体長3〜10メートル
♣巨大化した淡水魚

1960年以降、中国・北朝鮮の国境付近に位置する白頭山山頂の天池(300年前にできた火山湖)では、幾度も謎の怪物が目撃されてきた。目撃情報は多いが、頭部は牛や馬、体はワニに似ているなどその姿は判然としていない。絶滅生物の生き残りではありえない。巨大化した淡水魚だろうか?

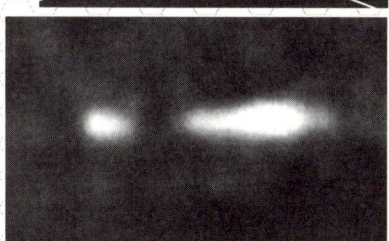

▲テンシーを写した写真のひとつ。その姿は観光客によってたびたび目撃されている。

最強のUMA図鑑

●チェサピーク湾の水棲獣● チェシー

DATA　Chessie
★アメリカ ♣オオウナギ ♠1943年目撃／4メートル

アメリカのチェサピーク湾に流れこむポトマック川に出没した約10メートルの水棲獣。フットボールのような頭が特徴的で、体は黒褐色、白い斑点が散り、複数のコブがある。1943年に地元漁師が波間に浮かぶ4メートルほどある黒い生物を目撃。1978年夏に目撃が多発し、82年にはその姿がビデオカメラで撮影された。後日、スミソニアン協会の動物学者たちがくだした結論は「カワウソ」。だが大きさがあまりに違いすぎる。

▲目撃証言に基づくチェシーの想像イラスト。

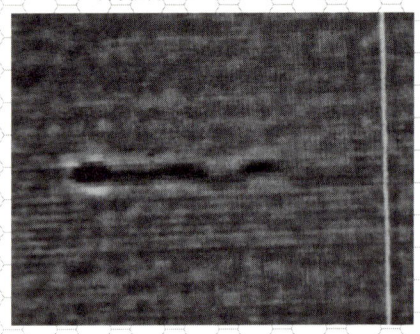

▲ビデオ撮影されたチェシーの影。

●未知の怪魚● ウモッカ

DATA
★インド
♠1.5～2メートル
♣未知種／シーラカンス亜種

素人が想像では描きえないスケッチ。「謎の巨大生物UMA」というサイトを運営する「さくだいおう」こと佐久間誠氏はそう直感した。問題のスケッチはモッカ氏（ハンドルネーム）がインドを旅した折に、オリッサ州プリーの魚市場で目撃したものである。背中はウロコ状で中心にトゲがついている。有志の調査隊が現地に赴いたが、いまだ標本は得られていない。進化論を覆しかねない怪魚ウモッカの探索は、これからも注目すべき話題である。

▲モッカさんがインドの魚市場で解体されるのを見た怪魚ウモッカ（©mocca 2003）。

●ロック湖のドラゴン● ロッキー

　アメリカ、ウィスコンシン州のロック湖に現れるウマに似た頭部にヘビのような体をしたUMA。その姿は何度か目撃されており、1998年7月、ウィスコンシン大学の研究者らが湖をソナー調査した。すると、ドラゴンを彷彿とさせる怪獣が湖底を横切ったという。

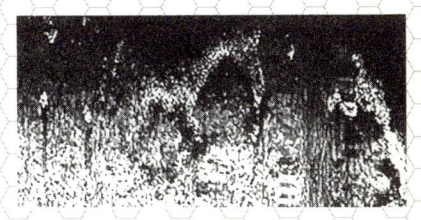

▲1998年、ロッキー湖に乗り出した海底遺跡調査チーム。▶ソナーが捉えたロッキーの姿。ドラゴンのようにうねっている。

DATA　　　　　　　　Rockie
★アメリカ、ウィスコンシン州
♠19世紀目撃／10～12メートル

水の未確認動物

●マニトバ湖の神獣● マニポゴ

　カナダの聖地マニトバ湖で、体を上下にくねらせて泳ぐ黒褐色のヘビかウナギのような巨大生物。初の目撃は1908年で、60年代にいたるまで目撃が続いた。小さな頭はダイヤ形で、幅20センチほど。胴回りは約30センチと見られている。正体はクジラの祖先であるゼウグロドンかプレシオサウルスではないかと考えられている。

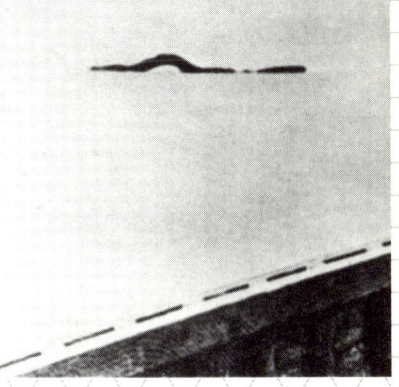

DATA　　　　　　　　Manipogo
★カナダ、マニトバ州　♣ゼウグロドン
♠1908年～／体長約12メートル

▲1962年8月12日、リチャード・ビンセントが撮影に成功したマニポゴ。

最強のUMA図鑑

●伝説の巨大魚● タキタロウ

DATA
- ★山形県、大鳥池
- ♣巨大イワナ／古代魚
- ♠1615年／1.5〜3メートル

▲1984年の第2回タキタロウ調査時に捕獲された巨大魚。体長7センチはあったが、タキタロウには及ばない。

▼（上）1965年10月20日にに大滝貞吉氏が捕獲した巨大魚の魚拓。タキタロウではないかといわれた。（下）大鳥池の全貌。

　山形県朝日連峰の麓にある大鳥池の主。昔から捕獲しようとすれば災いをもたらすと、いい伝えられてきた。たとえば1615年、大鳥池で魚を捕っていたところ、大洪水が起きたという記録もある。大魚の捕獲や目撃は、その後幾度も続いた。ところが、1982年の夏に登山グループが偶然巨大魚の群れを目撃して、写真に撮ると、それがタキタロウブームの発端になった。タキタロウ調査団が結成され、1983年から科学調査が行われた。古代魚の末裔か、巨大イワナの誤認か？　この山形の秘境に謎は残されたままだ。

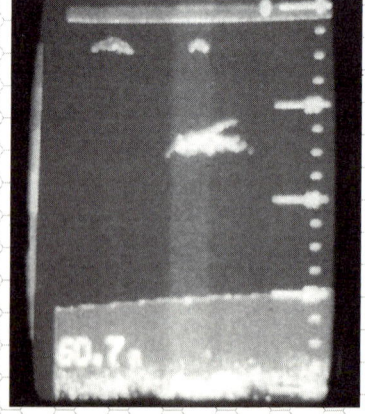

▲調査団によるソナー調査では、巨大な魚影が写った（写真＝タキタロウ調査団）。

●本栖湖の怪獣● モッシー

DATA
★山梨県、本栖湖
♠1973年目撃／5〜30メートル

富士五湖のひとつ、本栖湖に現れるウミヘビ・タイプの水棲獣。怪物の姿は1970年代から観光客によって目撃されていたが、1987年に初めてその姿らしき影が撮影された。背中がワニのようだとも、ウナギのような姿だともいわれていた。やがて目撃も途絶えてしまい、その正体は謎のままである。

水の未確認動物

◀(上)1987年11月に撮影されたモッシー(矢印)。(下)撮影者の西健司氏が想像して描いたモッシーの正体。

●高浪の池の主● ナミタロウ

DATA
★新潟県、高浪の池
♠1987年目撃／2〜5メートル

1987年、新潟県糸魚川市の白馬岳山麓にある「高浪の池」で、大魚を見たという報告が相次いだ。その未知の巨大魚は、タキタロウブームにちなんでナミタロウと名づけられた。1989年、糸魚川市が賞金30万円をかけた「巨大魚フェスティバル」を開催すると、3・5メートルはあろうかという大魚が撮影された。巨大化したコイか？ だが、それではあまりに巨大すぎる。

▲1989年7月21日に初めて撮影されたナミタロウの影(矢印)。

●2つの巨大怪獣● モンタナ・ネッシー

アメリカ、モンタナ州のフラットヘッド湖に棲息する未知動物。首長竜のような姿というよりはウナギのように細長い体形をしているとされ、大きさも3〜18メートルと、目撃証言によってさまざまだ。19世紀末に蒸気船の乗員によって目撃された。なお、この湖には「ハドロサウルス」と呼ばれる別の恐竜に似た怪獣も棲息しているとされている。1968年に発表された怪獣の「目撃写真」として知られる合成写真は、多くのメディアで紹介され話題をふりまいた。

▲1968年に公開されたハドロサウルスの「合成写真」。

DATA　Montana Nessie
- ★アメリカ、フラットヘッド湖
- ♠19世紀末／6メートル
- ♣チョウザメ／大ウナギ

●未知の巨大ウナギ● ナフーインの怪物

アイルランド、ゴールウェイ州コネマラ湖沼地帯にあるナフーイン湖で目撃される未知生物。ウナギのような姿をしているが、頭部はチョウザメにも似ており、背中にはコブがあるという。1968年、スティーブ・コイン一家が目撃した怪物は、体長約4メートル。皮膚はウナギのようにヌルヌルしていたらしい。写真こそ撮られていないが、家族7人が目撃した。カワウソやオットセイなどの誤認ではないと彼らは信じている。

▲コネマラ湖沼地帯に潜む怪物の再現イラスト。

DATA　Lough Nahooin Monster
- ★アイルランド
- ♠1968年目撃／サイズ不明
- ♣大ウナギ／カワウソ

第6章 水棲獣データ

ネッシー探索の軌跡、
水棲獣への接近遭遇事件、
海と湖に潜む巨大水棲獣を俯瞰する！

ネッシー探索のすべて

　6世紀から続くネス湖の水棲UMA「ネッシー」の目撃が激増したのは、湖の西岸を走る国道82号線が開通した1933年以降のこと。初めて湖畔からの眺望が可能になり、観光客が大勢訪れるようになったのが要因だ。

　1961年に「ネス湖現象調査局」が創設されてから1972年に閉鎖されるまでの11年間、毎年夏季に専門家を擁した5か月間の現地調査が実施され、207件の正確なネッシー目撃報告が認定された。1968年8月には、英バーミンガム大学の調査チームの水中ソナーが、長さ6メートルの巨大生物が湖の最新部から浮上する姿をキャッチ。この水中ソナーを使用したネッシー探索で、画期的な成果をあげたのが、アメリカ、ボストン応用科学アカデミー会長のロバート・ラインズ博士のチームだ。

　1972年8月の調査で、巨大な生物のヒレ、1975年6月の調査で、その突起物をもつ頭部。そしてもう1枚、長い首に小さな頭部、巨大な胴体、そしてヒレをもつ、まさしく人々が想像するとおりの典型的なネッシーの撮影に成功したのだ。

　1987年には、ネッシー探索史上最大といわれる「ディープスキャン」作戦が実施され、最新式のソナーに何度か水中を移動していく巨大生物の影を捉えた。ついで1992年7月、イギリス自然史博物館と淡水生物協会の合同調査チームが湖底を潜水艇で調査中、ソナーが移動していく巨大な生物の姿をキャッチしている。

　2000年9月から湖畔と湖底に24時間の固定ビデオカメラが設置されたが、現在まで数回にわたってネッシーらしき姿をキャッチするなどの成果をあげている。ネス湖の起源は約1万年前の氷河時代末期にさかのぼる。その後、大地の隆起で湖が形成される以前は、プレシオサウルスをはじめ、海の生物が自由に出入りしていたのだ。事実、湖畔で化石も発見されている。また湖底には海とつながるトンネルがあるともいわれており、ネッシーが海から出入りしている可能性もありそうだ。

　ネッシーの正体だが、プレシオサウルスが環境に順応して生き残り、亜種のネッシーになったという仮説が、信奉者たちの間では、もっとも根強く支持されている。

▶ネッシーの名付け親、サー・ピーター・スコットが描いたネッシーの想像画。▼シカゴ大学の生物学者ロイ・マッカルが提唱した大型両生類説。およそ3億年前のエンボロメリ目有尾類が環境に適応し、生き延びた可能性を指摘した。

▼1972年8月に、ボストン応用科学アカデミーの水中カメラがキャッチした映像。NASAのジェット推進研究所で解析した結果、巨大生物のヒレであることが判明した。

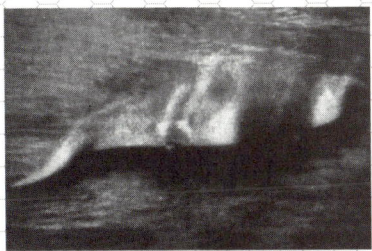

水棲獣データ

▲(上) 1933年11月13日、ヒュー・グレイによって初めて撮影されたネッシー写真。(下) ソナーを下ろすボストン応用科学アカデミー。

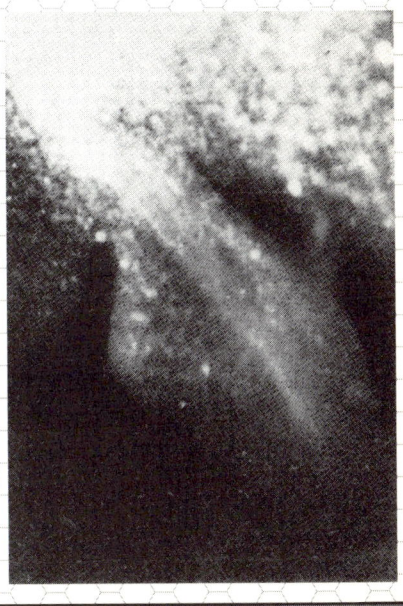

海のUMA「シーサーペント」

　古くは紀元前4世紀にアリストテレスによって、「リビア沖の海に棲息する巨大なウミヘビが、航行中の船を襲い、転覆させた」と、その存在が記録されている「シーサーペント」は、数十メートルから60メートルにおよぶ体長で、ウミヘビのように海中を泳ぐUMAだ。とりわけ体長40メートルを超える巨大なものは「グレート・シーサーペント＝大ウミヘビ」と呼ばれている。いずれもシーサーペントは、先のとがった頭とノコギリ状の歯が特徴だ。胴体はヘビのように細長く、多くは2対の水かきのついた足、またはヒレがある。体色は濃い緑色だが、下腹部にいくにしたがって、明るいクリーム色に変化する。頭をもたげ、体をくねらせながら、かなりのスピードで泳ぐが、ときには音に反応したり、潮を吹くことがある。

▲ネッシーを含む正体として挙げられる両生類エンボロメリ目の大型有尾類を参考にして描いたシーサーペントの再現イラスト（イラストレーション＝藤井康文）。

▶1848年8月6日、東インドから帰還中だったイギリス海軍のフリゲート艦ディーダラス号は喜望峰とセントヘレナ島の中間海域で茶褐色のウミヘビを目撃。乗員のほとんどが体長18メートルもある巨大な怪物を目撃した。

水棲獣データ

　目撃例は世界の7つの海から寄せられている。『旧約聖書』の「ヨブ記」などに登場する海棲獣を含めれば、紀元前の古代にまでさかのぼるが、近代に入ってからも、水夫や航海者、さらには海岸沿いを散歩中の人々によって目撃されている。中でも、大西洋は目撃多発地帯のひとつで、特に長い目撃の歴史を持っているが、ニューイングランド地方の沿岸部のどこかに、その棲息地があるのではないか、ともいわれている。

　1964年12月、オーストラリアの東北部沖、ホイットサンデー島でフランス人カメラマンのロベール・ル・セレックが撮影した体長約25メートルの巨大な生物を撮った写真は「世界初のシーサーペントのカラー写真」として有名だが、現在では、シーサーペントは同一種ではなく複数種存在すると考えるのが一般的だ。

　その正体は、目撃情報とかなりの共通点を持つ中生代の魚類「モササウルス説」が有力視されている。次に有力なのは、新生代第3紀始新世に生息していたクジラの先祖「ゼウグロドン」。

　未知動物学の権威として知られたベルギーのベルナール・ユーベルマン博士（故人）は、長い首を持つ体長10メートル級の「大型アシカ説」と「未発見の巨大なウナギの新種説」を提唱している。

　目撃こそ激減したとはいえ、宇宙よりも探査が進んでいないという大海やその深みに、謎の海棲UMAシーサーペントが潜んでいる可能性はきわめて大である。

最強のUMA図鑑

モケーレ・ムベンベ探索のすべて

　1980年、コンゴの調査・探検から帰国したアメリカ、シカゴ大学の生物学者ロイ・マッカル博士は、記者会見で「テレ湖の周辺に、絶滅したはずの恐竜アパトサウルスを小型化したような生物が生息している」と、以前から噂されていたアフリカの怪物「モケーレ・ムベンベ」の実在を宣言したのだ。

　翌1980年10月、マッカル博士の探検隊と、カリフォルニアのジェット推進研究所の技師ハーマン・レガスターズの隊がテレ湖に向かった。水路を選んだマッカル隊はトラブル続きでテレ湖到達を断念。だが、途中の湿地帯で長い

▲恐竜説に基づくモケーレ・ムベンベの再現イラスト（イラストレーション＝藤井康文）。

172

尾をひきずったような、巨大な動物の通過痕を発見。それは既知の動物とは違う、異様な形をしていた。一方、陸路を選んだレガスターズ隊はテレ湖に到達。11月1日、湖にそそぐ川の周辺で耳をつんざく咆哮を記録した。

11月24日午前9時、コンゴ人ポーターが湖面を進む暗褐色の怪物を目撃。ついで11月27日、レガスターズ博士の妻、キーア夫人が、約30メートル先の水中から出現した怪生物が沈む瞬間を撮った。写真はピンボケだったが、水面に浮かぶ"何か"の姿が写っていた。

1983年5月、コンゴ政府から派遣された生物学者マルセラ・アニャーニャ博士の探検隊は、水面にうごめくヘビに似た頭と長い首を左右にクネクネとゆらめかせる茶褐色の生物を目撃。

ついで1988年に早稲田大学探検部が、40日間にわたる調査を敢行。ムベンベの好物が「マボンジ」と呼ばれる植物であること、テレ湖が隕石湖らしいこと、水深が2メートルだったことなどを突き止めた。これではムベンベが身を隠す術がなくなり、湖で目撃されたのは、別の生き物だった可能性がある。

実は、湖より周辺の川のほうが目撃されやすいというムベンベは川の洞窟あたりに潜んでいる可能性があるのだ。最近では、その正体が、小型恐竜ではなくて、新生代に棲息した「デスモスチルス」のような未知の大型哺乳類ではないか、と見られている。

だが、サイの絵を見た現地人がモケーレ・ムベンベだと証言していることから、「サイ説」も否定できなくなっている。

水棲獣データ

▲テレ湖周辺で耳をつんざく咆哮を記録したハーマン・レガスターズ博士。

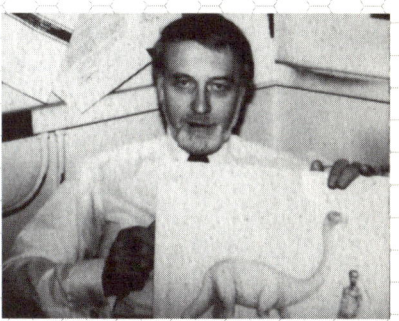

▲いち早く、モケーレ・ムベンベの存在に注目し、実在を確認したロイ・マッカル。

湖のUMA「レイク・モンスター」

　ネス湖と湖底で連結しているとの噂があるスコットランドのモラー湖の水棲UMA「モラーグ」をはじめとして、世界各地のそれぞれ似た環境にある湖で、巨大な「未知の湖底怪獣＝レイク・モンスター」の伝説が語り継がれ、かつ実際に怪獣の姿が目撃されている。

　といっても、レイク・モンスターそのものは、古来、各地で伝承が残されている。その報告がより顕著になるきっかけをつくったのが、ネッシーであるというだけにすぎないのだ。シーサーペントよりも出現地域が限られていて、リバー・モンスターより巨大。目撃証言があれば、調査活動もしやすいだろう。

　おそらくUMAの中で馴染み深い愛称で呼ばれているのは、このレイク・モンスターが大半である。そのため、その呼び名も形態もさまざまだ。

　アメリカ、ニューヨークとヴァ

▲川の怪物である、ホラディラもレイク・モンスターに近い存在だ（イラストレーション＝藤井康文）。

ーモント両州にまたがるシャンプレーン湖には、ネッシーと形状がよく似た「チャンプ」と呼ばれる水棲獣がいる。1609年より目撃が続くチャンプは、ホームビデオや携帯電話の動画でしばしば湖面を進む姿が撮影され、その実在性は高まるばかりだ。

ノルウエーのセヨール湖の「セルマ」は、ウマかシカに似た頭部をもつ体長6～10メートル級の巨大なヘビだ。また中国吉林省の白頭山にある天地に棲息するUMA「テンシー」は、体長3～10メートルで、ワニのような体で、イヌに似た顔で頭部には角がはえている。新疆ウィグル自治区のアルタイ地区のカナス湖の「カッシー」は、巨大黒色水棲獣だが、正体は未知の巨大魚だといわれている。観光客が撮ったテンシーやカッシーのビデオ映像がしばしば公開されている。

2006年4月、アルゼンチン南部パタゴニアのナウエルウアピ湖の伝説のUMA「ナウエリート」の写真が初公開され話題となった。そこには目撃証言どおり、ヘビのような細い首に小さな頭部の細長い口を開けた怪獣が見事に写っていた。

パプアニューギニア・ニューブリテン島のダカタウア湖には、首にはウマのようなたてがみ、手足は亀、尾はワニそっくり、歯は鋭く、全長7・5～24メートルの湖底怪獣「ミゴー」が棲息している。1994年にTBSの取材班が湖面を移動するミゴーらしき生物の撮影に成功している。

日本では、鹿児島県は池田湖の「イッシー」、北海道阿寒国立公園内にある屈斜路湖の「クッシー」などが知られているが、残念ながら現在では目撃が途絶えたままになっている。

1970年代に隠棲動物を研究したシカゴ大学の生物学者ロイ・マッカルによれば、目撃された尾の形状や環境から判断して、レイク・モンスターの正体は、ゼウグロドンの可能性がもっとも高いだろうという。

閉ざされた環境の中で生息する巨大水棲獣レイク・モンスター。その正体は、太古から生きながらえてきた海竜の類いなのか、突然巨大化した水棲生物なのか、実態は皆目見当がつかず、謎につつまれたままである。

水棲獣データ

異形の水棲UMAたち

　伝説の世界では、「幻獣」と呼ばれる異形のUMAが登場する。人魚はその代表的なUMAだ。有名な八百比久尼（やおびくに）の伝説は、人魚の肉を食べたことで、800歳の寿命を得たというし、人間の男と契（ちぎ）ったという話も。

　昭和8年9月、高知県宿毛海岸で、漁船の網にかかったものは、体重80キロ、頭が犬で、顔は人間、尾が魚という奇怪な姿をしていた、というように、日本の場合は目撃よりも捕獲談が結構多い。

　その人魚だが、2005年、イランやアゼルバイジャンのカスピ海沿岸に住む人々から水陸両棲の人間を見たという報告が多発。同3月、アゼルバイジャンのバクーでの水夫の目撃談がイランの新聞で報道された。

　この生き物の身長は約1・65メートル、体格がよく、ウロコのある腹が出ていて、足にはヒレがあり、指は4本で水かきがあるという。肌の色は月の色。髪の毛は、黒か緑。足は人間比べて短くイルカのように鼻は突出している。

　このような水陸両棲類について、世界最古の文明シュメールに、人類に叡智を与え、文明を興した神「オアネス」の存在が語られているし、現在でも、カリブ海やパプアニューギニア島には「リィ」と呼ばれるが人魚型UMAの棲息が伝えられている。

　人魚は、伝説の幻獣のなかでも、実在の可能性が高い謎の両棲類というべき存在かもしれない。

　異形の両棲類的UMAはほかにもまだいる。1972年3月、米オハイオ州の川沿いで、パトロール中の警官と2度遭遇した「カエル男」。同年8月にはカナダ、ブリティッシュコロンビア州の湖で「半魚人」が子供を追いまわすという事件が発生。

　1975年5月、米ルイジアナ州の沼地では醜悪な顔の「半魚人タイプの怪物」が出現。さらに、1988年6月、米サウスカロライナ州の沼地でウロコ状の肌をもつ「トカゲ男」が出現している。

　これらの怪物たちのほとんどが、それ以降、姿を見せることはなく、謎と恐怖だけが残されているのだ。

　ちなみに本書では、これらの獣人を「陸のUMA」に分類したが、水陸両棲であることをあらためて強調しておきたい。

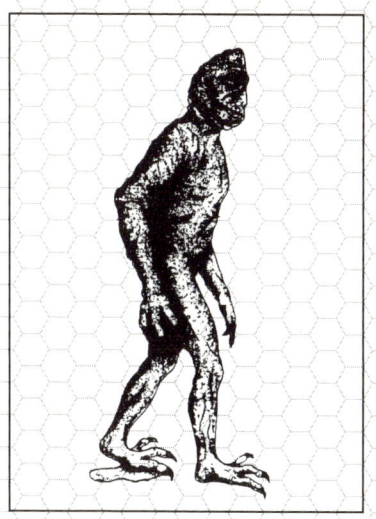

▲沼周辺に出没するリザードマンも水陸両棲かもしれない。

▲カエル男は日本の河童に酷似している。

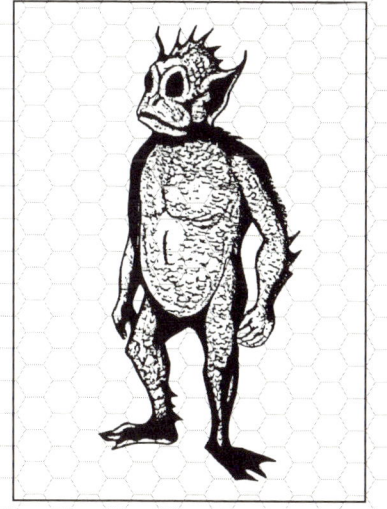

▲半魚人タイプのUMA。

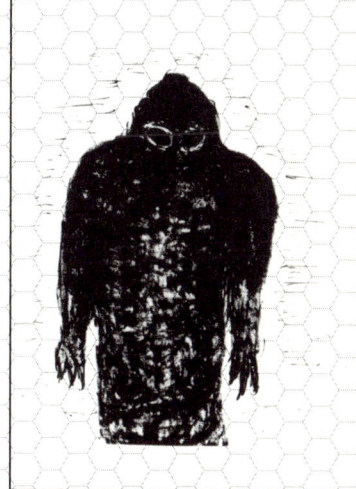

▲半沼沢地に出現するハニー・スワンプ・モンスター。

水棲獣データ

オゴポゴ接触事件

　カナダ、ブリティッシュコロンビア州のオカナガン湖で、初めて巨大水棲獣が目撃されたのは、1872年とされている。先住民族は、これを畏れ崇めていたという。

　これまでにも200以上の目撃事例があるが、そのなかでも衝撃的な出来事が1947年7月に起きた。「オゴポゴ」の体に触れるという事件である。

　午前8時すぎ、湖で遊泳中だったB・クラーク夫人は、突然、湖面が異様に波立っていくのを見て怖くなり、岸から200メートルの距離にある飛び込み用のイカダに向かって泳いだ。

　その瞬間、何か重い塊のようなものが彼女の足に触れたのだ。異様な感触だった。

　あわててイカダに這いあがり、水面を見ると巨大な怪獣が姿を見せていた。体長約9メートル、体色は濃い灰色で、コイル状になって見えている背中に明るい縞模様があった。

　胴の幅約1・2メートルで、尾は約1・5メートルくらいの幅があり、先端に水平についた尾ビレはクジラのように平たかった。

　このとき彼女は確信した。こんな泳ぎ方をするのは、大きな魚でもクジラでもない。この怪物は「伝説のオゴポゴなのだ」と。

　オゴポゴの頭部はどうなっているのかとクラーク夫人は水面下をのぞきこんだが、よく見ることは

▼オゴポゴに遭遇したB・クラーク夫人が描いたスケッチ。飛び込み用イカダ（RAFT）から約6メートルのところを泳ぐ様子が描かれている。

▲オカナガン湖のレイク・モンスター「オゴポゴ」の再現イラスト（イラストレーション＝藤井康文）。

水棲獣データ

できなかった。ただ頭部は首がなく、魚やヘビのように直接胴体についているようだった。

　やがてオゴポゴは、シャクトリムシのように全身を上下にくねらせながら北の方角に泳いでいき、スッと姿を消していった——。

　このオゴポゴの正体だが、リュウグウノツカイなどのほかに新世代3紀(6500万～200万年前)に栄えたクジラの祖先である「ゼウグロドン」生存説が有力視されている。クジラ類の特徴をもっているという、そのゼウグロドン生存説を強く裏づけたのがクラーク夫人の目撃体験だ。つまり、水中を上下運動する泳ぎ方、水平になった尾の部分、そして何よりも彼女が描いたオゴポゴのスケッチは、まさしく古代海獣ゼウグロドンを彷彿とさせるのに十分すぎるものだったのである。

最強のUMA図鑑

謎の漂着UMA「グロブスター」

　動物学者で未解明現象の研究家として著名だったアイヴァン・サンダーソン（故人）によって「グロブスター」と名づけられた漂着UMAは、1960年8月、暴風雨後のタスマニア島西部の河畔で発見された。中央の胴体が盛りあがった円形で、全体が軟らかい毛で覆われている。頭部とわかる器官も、目もなければ胴体も四肢も骨格もない怪生物だ。

　当時、オーストラリアの「CSIRO＝連邦科学産業研究機構」は、「未知の種類の生物で、海底の洞窟から浮上したものではないか」とコメント。以後、同様のものが1968年8月、ニュージーランドの北島ムリワイビーチで打ち上げられ、その後もときおり周辺海岸に漂着し続けている。体全体がひだのようになっているものもあり、タスマニア島周辺の海底にグローブスターの"棲み家"があるのではないか、と噂されている。

▲都市伝説モンスター「ニンゲン」の再現イラスト（イラストレーション＝藤井康文）。グロブスターは腐敗した死骸ではなく、そもそもこうした形をしたUMAだったのではないだろうか？

▲1999年、タスマニア島に漂着したグロブスター。
◀1968年、ニュージーランドのムリワイビーチに漂着した体じゅうに体毛のようなものが密生したグロブスター。

水棲獣データ

　グロブスターの仲間に「ブロブ」がある。文字通り、ぶよぶよとしたゴムのような白っぽい肉塊だ。表面が毛あるいは繊維質で覆われ、組成成分はコラーゲン。

　科学者たちの多くは、これを「クジラの脂肪質」だと主張する。だが、2003年6月、南米チリのロスミエルモス海岸に漂着したゼラチン質のブロブについて、鯨類保護センターの海洋学者エルザ・カブレラは、「クジラではなく無脊椎動物だ。死骸が放つ臭気がクジラとは異なる」と発表。これが未知生物である可能性を示唆。

　クジラなのか、未知生物なのか、ブロブについては徹底的な分析が必要のようだ。

　海岸に打ち上げられるのは、グロブスターやブロブばかりではない。2007年12月、中国、大連の海岸に、古代の翼竜プテラノドンの頭部らしきものが漂着。クジラの一種の遺骸ともいわれたが、未解明のままだ。2008年7月、アラスカ州ヌニバク島のメコリュクの岸辺に怪獣の死骸が漂着。同地に伝わる水棲怪獣「カクラト」の可能性が指摘された。

　2009年1月、イングランド、デボン州の海岸に体長約1・5メートルの大型ネコ科動物の白骨化屍体が漂着。付近はネコ科UMA「ABC＝エイリアン・ビッグ・キャット」の棲息域、そこでABC死骸説も出たが、屍体はいつの間にか消え失せていた。

　奇怪なことに、こうした漂着UMAたちは、専門家に調査・分析されることなく、なぜか"行方知れず"になる、という運命をたどってしまうのだ。

最強のUMA図鑑

Trunko

第7章 空 の未確認動物

翼竜プテラノドンは現生するのか？
超高速生命体が飛んでいる？
謎の未確認飛行生物ＵＦＣから
空飛ぶ鳥人までを完全網羅！

最強のUMA図鑑

●謎の怪鳥● 有翼の肉食哺乳類

2008年12月10日、写真家のファビアン・ロマーノがアルゼンチンのラパンパにあるマカチン空港で奇妙な鳥を撮影した。ブレが激しく細部まではわからないが、同センターの調査により、翼を持った肉食哺乳類ではないかとされている。つまり、クチバシと目のようなものは確認できるのだが、鳥類ではない、というのだ。新種の未知生物か、あるいはチュパカブラの変態＝進化系なのかもしれない！

DATA　　　　　Winged Mammal

★アルゼンチン
♠2008年目撃／約80センチ
♣新種の哺乳類／チュパカブラ

▲マカチン空港で撮影された未知の有翼肉食獣。

●伝説の巨鳥● サンダーバード

北アメリカの先住民族の間には、雷や稲妻を起こす巨大な鳥の伝説が語り継がれている。その姿はまさに翼竜。そのためサンダーバードも含めてビッグバードと総称されることがある。目撃者の証言から、その正体は白亜紀に棲息していたプテラノドンか、中新世（約2300万～530万年前）のコンドルの仲間アルゲンタヴィスの子孫や亜種ではないかとされている。

▶（上）1860年代にアリゾナ州トゥームストーンで捕獲されたというビッグバード。（下）アルゼンチンで発見されたアルゲンタヴィスの化石を復元した模型。翼開長は8メートル。

●空飛ぶ怪人● ジャージーデビル

アメリカ、ニュージャージー州に古くから伝わる怪物である。伝説では18世紀半ば、同州パインバレンズ近郊に住むリード夫人が、乳児を抱えながら魔術行為にふけっていると、赤ん坊が突如、巨大化。顔はウマのようになり、背中にはコウモリの翼が生えて、夜空に消えていってしまったという。

ところが、これは単なる伝説ではない。ジャージーデビルは、その後、200年近く同地で目撃されつづけているのだ。この既存の生物学の枠組みを外れた怪物は、古代翼手竜の生き残りか、真に未知なる新種なのかもしれない。

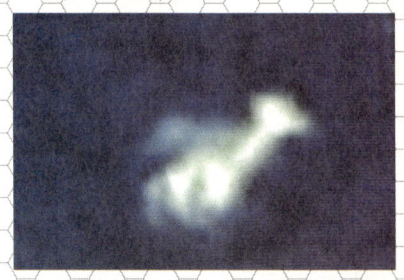

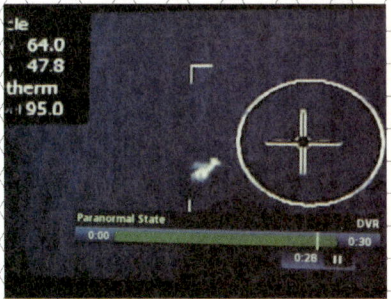

空の未確認動物

▲2010年2月、リード夫人の家があった農場から赤外線スコープで撮影された、空を飛ぶ怪物。撮影に成功したUMA調査隊は、これこそジャージーデビルの真の姿だと確信している。▼真偽は不明だが、ジャージーデビルの胎児とされるもの。

◀1909年の目撃談をもとに描かれたジャージーデビル。

DATA　　　　　Jersey Devil
★アメリカ、ニュージャージー州
♠1735年目撃／1・2〜2メートル

最強のUMA図鑑

● 空飛ぶ悪魔 ●
ローペン

　パプアニューギニア本島とニューブリテン島との間にあるウンボイ島で目撃される。6500万年前に絶滅したプテラノドンやランフォリンクスに酷似した翼竜タイプの空飛ぶ飛行生命体だ。2004年9月、ローペン調査のためにウンボイ島を訪れたジョナサン・ウィットコムは、バリク山方向から飛んでくる光る物体を目撃。次第に接近してくるそれは、長いくちばしと巨大な翼をもった巨大生物だった。ウィットコムの調査によれば、目撃は1940年代に始まり、地元ではいまだに目撃者があとを絶たないという。

▲(上) 1944年、第2次世界大戦の最中に、ローペンを目撃した元アメリカ陸軍装甲部隊のドゥエイン・ホジキソン。(下) 自身もローペンを目撃し、現地調査を試みたジョナサン・ウィットコム。

DATA　　　　Ropen

★パプアニューギニア、ウンボイ島　♣翼竜
♠1944年ごろ／翼長3〜12メートル

◀ウンボイ島。▲同島で2009年に撮影されたローペン。

●太古の翼竜● コンガマトー

「小舟を沈没させるもの」という意味で、アフリカのカメルーン、コンゴ、ケニアなどの沼沢地帯に出現する謎の巨鳥。性格は凶暴で、まさに太古の翼竜に近い姿をしているという。

▲正体はこの翼竜ラリフォンクスか。
◀現地人を襲うコンガマトーの想像画。

DATA　　　Kongamato
★アフリカの沼沢地帯
♠1932年／1.5～2.5メートル
♣翼竜

●コウモリ人間● オラン・バティ

15～16世紀にインドネシアのモルッカ諸島セラム島を訪れたキリスト教徒たちは、翼のある怪物が同島のウラウルという村を襲ったと伝えている。この怪物は地下洞窟の多いカイラトゥ山に棲むとされる。伝承は広まっているものの、生物学者らによる2003年の現地調査では、具体的な証拠は見つからなかった

▲(上) オラン・バティの想像イラスト。
(下) オラン・バティが棲むカイラトゥ山。

DATA　　　Oran Baty
★インドネシア、セラム島
♠15世紀記録／1.2～1.5メートル
♣鳥人

空の未確認動物

最強のUMA図鑑

●フクロウ男● オウルマン

▶1976年に目撃した少女が描いたオウルマン。

　オウルマンがイギリス、コーンウォールのモウマン村に現れたのは1976年4月から78年までのことだった。目撃者はなぜかほとんどが10代の少女ばかり。オウルマンは目が赤く、カギ爪状の手足をもち、大きな翼を広げて飛ぶ奇怪な姿をしたフクロウ男だというのだ。だが、78年以降はなぜか目撃が途絶えている。

DATA　　　　　　　　Owlman
★イギリス　♣鳥人
♠1976〜78年／1.5〜1.7メートル

◀事件が起きたモウマン村の教会。

●空飛ぶ獣人● バッチカッチ

　名前の由来は、バット（コウモリ）とサスカッチ（カナダ先住民が使用するビッグフットの呼称）だ。体形はがっちりとたくましく、紫色の体毛に覆われ、翼竜に似た翼をもつ。アメリカ、ワシントン州レイニア山麓で目撃されたことがある。夜行性で家畜を襲うというが、これまでその現場が目撃されたことはない。コウモリ誤認説もある。

DATA　　　　　　　　Batsquatch
★アメリカ、ワシントン州　♣鳥人
♠1994年目撃／7メートル

▲1994年4月17日に目撃されたバッチカッチ。

●呪いの蛾男● モスマン

1966年から67年にかけてアメリカ、ウエストバージニア州ポイントプレザント一帯に出現し、住民たちを恐怖の底に突き落とした体長約2メートルの怪物。翼長約3メートルで、時速160キロの車にも追いつくほどの飛翔能力をもつ。頭部はなく、上端付近にある目が赤い怪物は、当時の人気テレビ番組「バットマン」をもじってか、「モスマン（蛾男）」と名づけられた。その後、モスマンは『プロフェシー』という題で映画化されたが、関係者の怪死が続発したため「モスマンの呪い」と形容されている。

▲目撃証言をもとに描かれた蛾男モスマンの想像画。目が赤く光っている。

DATA　　Mothman
- ★アメリカ、ウエストバージニア州など
- ♠1966年目撃／2メートル
- ♣エイリアン・アニマル

▶ポイントプレザントに建立されたモスマン像。

空の未確認動物

▲(左・右) 2003年11月、オハイオ州アイアントンに架かる橋で撮影された奇妙な生物。拡大すると翼を広げたモスマンそのものの姿だった。

最強のUMA図鑑

●女吸血鬼● アスワング

　昼間は美しい女性の姿をしているが、夜になると顔が犬、体はトカゲ、コウモリに似た翼に変身し、空を飛ぶ。長い舌を口に差し入れ、人間の血を吸う恐ろしい怪物だ。次章で事件を詳しく解説する。

DATA　Aswang
- ★フィリピン　♣鳥人タイプ
- ♠16世紀〜／1.5〜1.8メート

▲2006年5月に撮影されたアスワング。

●飛ぶチュパカブラ● 吸血怪鳥

▼鋭い牙が生えた、鳥形チュパカブラか!?

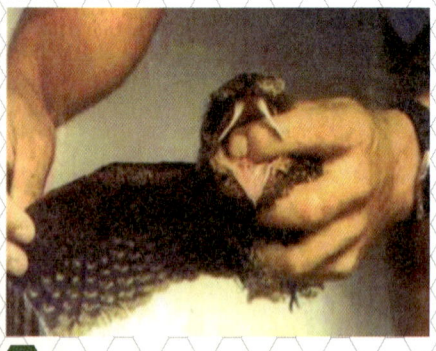

　チュパカブラの目撃事件が多発するプエルトリコで、1989年農家のニワトリを襲い、その首にくらいついていた怪鳥が落とされた。鋭い2本の牙で皮膚に穴を開け、生き血を吸っていたのだ！　その後、政府の調査員と名乗る人物が訪れ、この世にも奇怪な鳥を持ち去ってしまったのだという。新種のチュパカブラなのか？　唯一の手がかりが行方不明になってしまったことが悔やまれるのだ。

DATA　Serpent Bird
- ★プエルトリコ
- ♠1989年捕獲／20センチほど
- ♣チュパカブラ

● 変形生命体 ● # バウォコジ

▼カルーで目撃されたバウォコジの再現イラスト。

2011年4月ごろにかけて、南アフリカ共和国ステイトラービルの町カルーで世にも奇妙な事件が起きていた。夜中、姿形を変える謎の怪物が出現して、住民が大混乱したのだ。町の人間が、スーツを着ていた人間だと思って声を変えると、その人間は、突然、豚に姿を変えたというのだ。また別の住人によれば、人間がコウモリに姿を変えて飛び去る姿を目撃したという。人的被害はないものの、あまりに奇怪な事件に警察も動き出した。同地の伝承にある「バウォコジ」の仕業か。

DATA Bawokozi
- ★南アフリカ共和国
- ♠2011年／犬〜人間サイズ
- ♣巨大コウモリ／霊体

空の未確認動物

● 悪臭を放つ妖獣 ● # ジーナフォイロ

セネガル南部に棲息する醜悪な妖獣で、悪臭を放ちながら飛行する。空間を自在に移動することから、霊的あるいはエイリアン的な動物だと考えられている。ジーナフォイロと遭遇した人間は死ぬこともあるという。

DATA Guiafairo
- ★セネガル ♠1995年／1.2メートル（通常時）〜家の大きさ ♣エイリアン・アニマル、霊体タイプなど

▼目撃証言をもとに描かれたジーナフォイロの想像画。

▲正体はオオコウモリを見誤ったとする懐疑的な考えも根強い。

最強のUMA図鑑

●中国版スカイフィッシュ● 飛行棒

　2009年5月、中国広東省で新聞記者が上空の怪しい光を撮影した。中国では飛行棒と呼ばれているが、要はスカイフィッシュ（後述）のことである。棒状の本体にスプリング状のものが巻きついたこの姿こそ、スカイフィッシュの真の姿なのかもしれない。

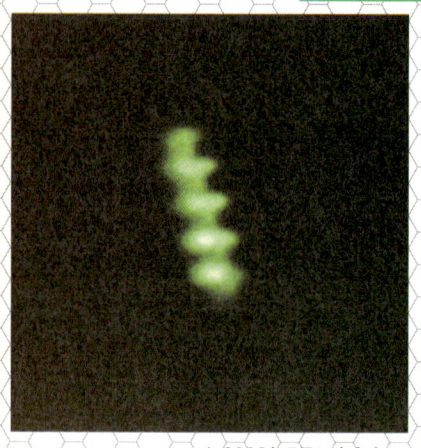

▲▶2009年5月に広東省で撮影されたスプリング状の物体。

●虹色のスカイフィッシュ● レインボーロッド

　2002年6月18日、アメリカ、メイン州在住のスカイフィッシュ研究家マイケル・マーチャントが撮影に成功したスカイフィッシュの変種とおぼしき未確認飛行生物である。棒状の胴体の両端にそれぞれ半透明の美しい皮膜が2段ついている。彼はこのほかにも3本の角をもった異種とでも表現すべき生物を撮影しており、「デビルズ・トライデント」と名づけた。いずれも、外見以外はスカイフィッシュと同じ特徴をもつ。

▲▶2002年、マイケル・マーチャントが撮影に成功したレインボーロッド。光るヒレが特徴的だ。

●空飛ぶ最速UMA● スカイフィッシュ

▶2010年1月、クレムリン上空に現れたスカイフィッシュ。

1994年にメキシコのゴロンドリナス洞窟で撮影されてから、世界各地でその写真が撮られつづけている。日本では、六甲山が出現の中心になっている。欧米では、棒状の胴体から「ロッド」と呼ばれている。スカイフィッシュは高速で移動するため肉眼でとらえられることはあまりない。偶然、写真に写っていることが多いのだ。近年ではビデオカメラによる「モーションブラー現象（残像の写り込み）」で説明しようとする説が主流であるが、当てはまらない異常なケースも報告されている。

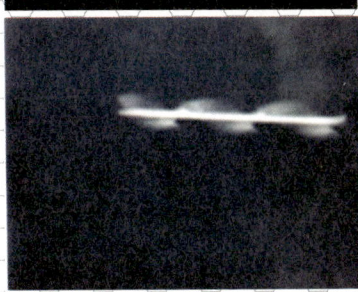

▲(上) 2004年、イラク戦争時のバグダッド上空に現れたスカイフィッシュ。(下) 1997年、ゴロンドリナス洞窟で撮影されたもの。

DATA　　　　Skyfish/Rod
★世界各地　♠1994年ごろ／数センチ〜30メートル／時速80〜300キロ　♣プラズマ生命体、アノマロカリス進化説など

空の未確認動物

最強のUMA図鑑

●空飛ぶUMA● **UFC（未確認飛行生命体）**

　いったい地球の大気圏には、知られざる生物でも存在しているというのだろうか？　フライング・ヒューマノイドが注目を集めたのと時を同じくして、より生物的な動きを見せる空中の飛行物体が世界各地から報告されはじめた。空中に漂ったまま脈動したり、ゆっくりと形を変えながらうごめく生物的な飛行物体だ。かつてはUFOと呼ばれていたはず。それこそ飛行機やヘリコプターでもなく、風船や気球の類いでもない未知なる飛行生命体、UFC（未確認飛行生物）である。

▲2005年10月13日、南米チリ、サンチアゴの上空に出現した脈動する怪物体。
▼2005年7月10日、イギリス、マンチェスターで回転しながら浮遊する姿のUFCが写真に撮られた。

◀1999年7月、イタリアで撮影された生物的な飛行物体。

▼2009年1月27日、アメリカ、カリフォルニア州ケルソー上空に現れたタコの触手に似たUFC。

●空飛ぶネックレス● フライング・ストリング

　2003年7月4日、メキシコシティ上空に出現した正体不明の空飛ぶ糸状物体。まるで回虫のような姿をしており、生きているかのように自在に姿を変えながら動き回った。卵のように黒い物体を吐き出し、やがて消え去った。

DATA　　　Flying String

★メキシコ　♣UFC
♠2003年目撃／サイズ不明

▶2003年7月にコロニア・アマヒュアックが撮影に成功したフライング・ストリング。

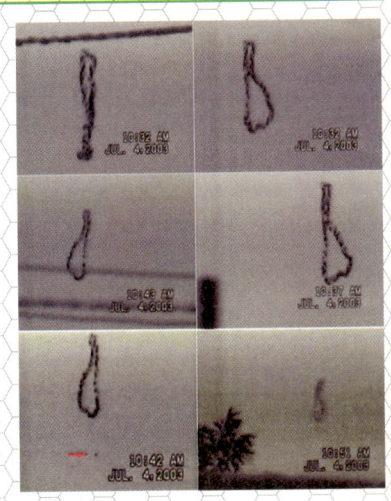

空の未確認動物

●空飛ぶウマ● フライング・ホース

　2005年10月17日、イタリア、ミラノ上空を飛ぶウマの姿が映像に撮られた。推定30メートルほどの高さでウマは体をこわばらせたまま足をばたつかせているように見えた。風船か、あるいは超常的な力が介在しているのか、すべては謎だ。

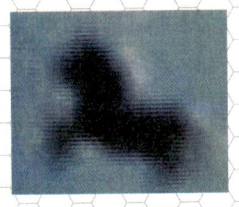

DATA　　　Flying Horse

★イタリア、ミラノ／2005年10月
♠UFCタイプ？／風船誤認

▲2005年10月にイタリアで撮影された空飛ぶ馬。UFOに吊り上げられたのか、それとも意思をもった生命体か？

最強のUMA図鑑

●空飛ぶヘビ
オヨ・フリオのUFC

2006年7月2日、メキシコのパレンドン在住のフランクリン・ロヤスがオヨ・フリオ付近で撮影に成功した空飛ぶヘビ、あるいはイモムシのような謎の生物。砂漠地帯の地上から約50メートル上空をフワフワと漂っていたという。

▲2006年にメキシコに出現したオヨ・フリオ。

DATA　Ojo Frio UFC
★メキシコ
♠2006年／20～25メートル
♣UFC

●超人か、異星人か
空飛ぶ仏教僧

2009年1月、ミャンマー市内上空を飛ぶ謎の物体を10代の少女が目撃し、ビデオカメラでの撮影に成功した。カメラをまわしていた少女は「ヤ・ハン・ダー（仏教僧）が飛んでいく！」と興奮しながら叫んだ。メキシコのフライング・ヒューマノイドの変種か、それとも本物の超能力僧侶か？

DATA　Flying Buddha
★ミャンマー　♣UFC／異星人
♠2009年1月／サイズ不明

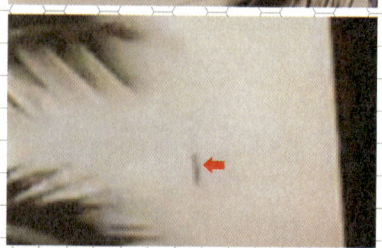

▶（上・下）2009年に撮影された、ミャンマー市内上空。「仏教僧」は直立したまま空を飛んでいた。

● 異次元生命体？

フライング・サーペント

オヨ・フリオ、フライング・ストリングなどの糸状飛行物体は、近年では総称してフライング・サーペントと呼ばれている。2009年11月26日、メキシコシティの南部では高度100メートルほどのところをクネクネと漂う白色の生物が撮影された。ねじれたまま伸縮を繰り返し、ときおり白色の球体を吐き出すのだが、正体がまったくわからない。まだ情報量が少ないため、今後さらなる研究が進むであろう最新UFCだ。

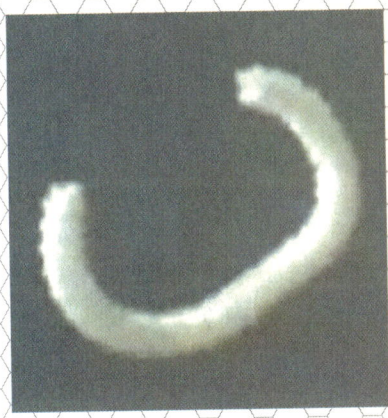

▲2009年11月26日に撮影された白色のUFC。
▼2010年5月、メキシコシティ上空に現れたフライング・サーペント。Cの字になったり、伸縮を繰り返した。

空の未確認動物

DATA　　Flying Serpent
★メキシコ各地　♣UFC
♠2009年ごろ／約5メートル

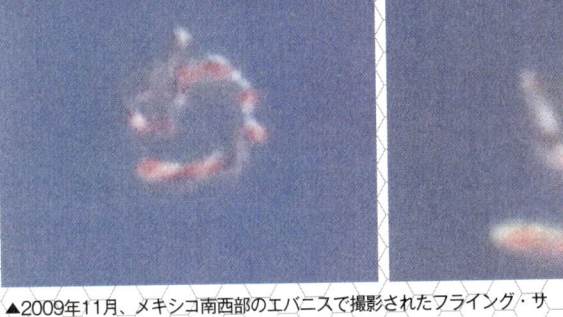

▲2009年11月、メキシコ南西部のエバニスで撮影されたフライング・サーペント。青、赤、黄色が混じった体色をしていた。

●トランスフォーマー● 変形生命体

　2009年9月18日、カナダのオンタリオ州オシャワに出現した機械的な未確認飛行生命体。撮影した男性が明け方の空を眺めていると、空が数秒間ごとに白くフラッシュするのに気がついた。さして気にもとめなかったが、午後になると、東の空から黒くて大きなこの物体が接近してきたのだ。その男性によれば、この飛行物体は、まるで意思を持つかのように動いており、映画『トランスフォーマー』に出てくるロボットのようであったという。

▲形状は戦闘機のようだが、意思をもつかのように動いていた機械生命体のひとつ。

DATA　　　　　Transformer
★カナダ、オンタリオ州
♠2009年目撃／3〜4メートル
♣UFC

●災いをもたらす ドイツのモスマン

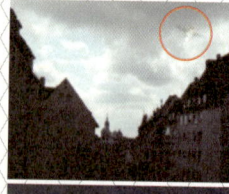

◀▼2010年9月にアビー・リンフットが撮影したモスマンの写真。拡大すると、それは異形の姿をしていた。

　2010年9月、ドイツのニュルンベルクでアビー・リンフットが偶然撮った写真に奇妙なものが写り込んでいた。一見、昆虫かと思ったが、どうもそうではない。目が赤く、周囲の建物と比べてみても、かなりの大きさであることがわかるからだ。この姿、アメリカのポイントプレザントを恐怖に陥れたもモスマンに酷似している。ドイツにも、ついにモスマンが出現したのだ。悪いことが起きなければよいのだが……。

●空飛ぶ怪人● フライング・ヒューマノイド

2000年前後からメキシコ上空に現れた人間の形をした謎の浮遊物体。約1〜2メートルで、翼はもたず、飛行装置も装着せずに空中を飛行する謎の物体だ。同地では中空を自在に飛行するフライング・ヒューマノイドがたびたび目撃され、その姿も千差万別である。その正体は、エイリアン、アメリカ軍による遺伝子操作実験などとされるが、噂の域を出ていない。近年では日本でも目撃が増えている。あくまで人の形をした「ヒューマノイド」タイプのことをいい、それ以外の形状はより大きなUFOタイプに大別される。

空の未確認動物

DATA　　Flying Humanoid
★メキシコ、アメリカ、日本など
♠1999年ごろ目撃／1〜2メートル
♣UFO

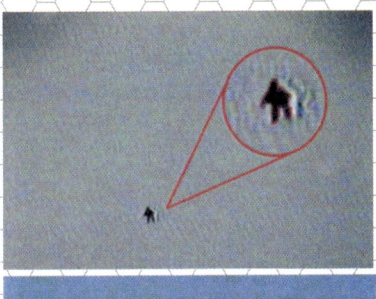

▲(上) 2000年3月、メキシコで撮影されたもの。(中) 2005年6月17日、メキシコでビデオ撮影した生物は、腰のあたりに光る器具のようなものを装着していた。(下) 2005年2月、アメリカのアリゾナ州に出現した巨大なライトを備えたフライング・ヒューマノイド。
▶2000年3月に撮影されたこの映像を発端にメキシコでフライング・ヒューマノイドに注目が集まった。

最強のUMA図鑑

●伝説の有翼怪物● ガーゴイル

▼ガーゴイルとおぼしき生物をとらえた数少ない写真のひとつ。

DATA Gargoyle
- ★プエルトリコ
- ♠2008年目撃／大きさ不明
- ♣進化系チュパカブラ／幻獣

2010年12月6日、プエルトリコ南部でガーゴイルが目撃された。ガーゴイルといえば、コウモリのような翼をもった西洋の幻獣である。だが、プエルトリコでは8月ごろから、家畜がこのガーゴイルに襲われる被害が相次いでいたのだ。出現は深夜に限られているという。目撃者も多く、事態を重くみた市長が警戒を怠らないよう指示したほどだ。当初は吸血怪獣チュパカブラの仕業ではないかと囁かれていたが、もしチュパカブラが飛行できる生物に進化したのだとしたら……考えるだに恐ろしい存在だ。

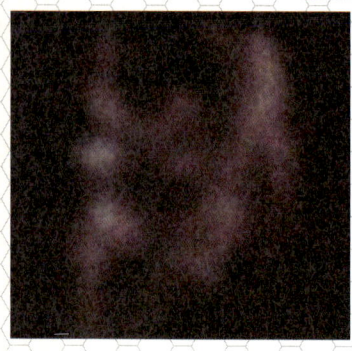

●コウモリ人間● マンバット

DATA Man-Bat
- ★アメリカ、ウィスコンシン州
- ♣2006年目撃／約2メートル
- ♠未知の奇獣／巨大コウモリ

▼目撃者によるマンバットの再現イラスト。

2006年9月26日、アメリカ、ウィスコンシン州で夜9時ごろ、ウォーハリ老人と彼の息子が、コウモリに似た身長180～210センチほどの怪物に遭遇した。皮状の翼が特徴的で、長さは3メートル以上もあり、その先端には鋭いかぎ爪の手がついていたという。
それは風にのって彼らの方へ飛んできたかと思うと、うなり声をあげながら夜空へ飛び去ったという。奇妙なことに、ふたりは目撃後に具合が悪くなり、息子は嘔吐した。魔的な存在なのかもしれない。

●大都市の翼竜● ビッグバード

翼竜に似た怪鳥が目撃されてるのはパプアニューギニアに限らない。2007年4月20日、アメリカのニューヨークでビッグバードの映像が撮られたのだ。有史以前の翼竜に似た姿で、アメリカではテキサスやアリゾナ、ニューメキシコの各州で目撃があいついでいる。さらに2003年10月、イギリスでは走る列車の窓から野生のシカを撮るつもりが、偶然、巨大な怪鳥を撮影してしまったケースもある。では、これほどの巨大さなら誰もが気づくはずではないだろうか？ ひょっとしたら、ビッグバードは人知れず気配を消すことができる異次元からの飛翔体なのかもしれない。

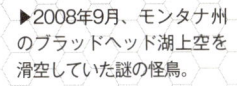

空の未確認動物

▶2008年9月、モンタナ州のブラッドヘッド湖上空を滑空していた謎の怪鳥。

▼2003年10月に偶然撮影されたビッグバード。

▲2007年4月20日、ニューヨークのハドソン川に架かるジョージ・ワシントン橋付近で撮影されたビッグバード。「ギー」という奇声を発し、旋回しながら飛び去った。

DATA　　Big Bird
★アメリカ全土、イギリスなど
♣翼竜　♠サイズ不明

最強のUMA図鑑

●伝説の龍● ドラゴン

洋の東西を問わず、古代から存在が伝わる幻獣で、ときとしてその姿が目撃されることもある。近年では、2005年に中国上空で赤く輝くドラゴン型の飛行物体が、2006年にはチベットのヒマラヤ上空で奇妙な物体が撮影された。

DATA　　　　　　　　Dragon
★中国～チベットなど／全長不明
♠伝説　♣龍（幻獣）

◀（上）2004年6月22、ヒマラヤ上空を飛行する旅客機から撮影された写真。ウロコ状の胴体が見える。（下）2005年8月6日、中国の上空に現れた光り輝くドラゴン。

●飛翔もするUMA● 翼ネコ

イギリスを中心に各国に実在する翼の生えたネコ。古くは1899年にイギリスで、2009年には中国四川省で発見され、多くの写真が撮影されてきた。1966年、カナダ、オンタリオ州アルフレッドに出現した黒い翼ネコは、地面を助走すると翼を伸ばして空中に飛翔したという。翼の正体を巡っては体毛の塊であるとする説や、皮膚病が原因であるという説がある。だが、飛翔した目撃例が事実だとすれば、その説明にはなっていない。空のUMAともいえる。

◀中国四川省で発見された翼の生えたネコ。

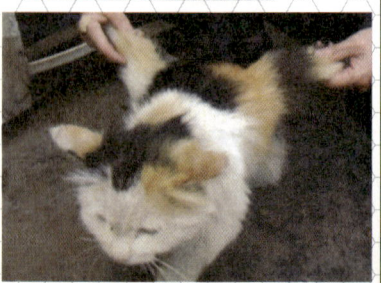

第8章

異次元の未確認動物

天使、妖精、邪悪な怪物まで
この世の物理的な現象を無視した
神秘的な生命体・現象に注目。
その代表的なものをご紹介しよう！

最強のUMA図鑑

●恐怖の人影 シャドウ・ピープル

　アメリカ大陸のあちこちに出没しているという人影型UMA。この影はポルターガイスト現象を起こすなど、見た人を恐怖におとしいれるというが、かといって個人的な幻覚の類いでもないらしい。肉眼の目撃がないのに、カメラだけがその姿をとらえるという事例が報告されているからだ。2006年9月3日、ネバダ州パーランプ近郊の教会では、影のような2本の足だけが歩く姿が撮影された。異次元生命体説、幽体離脱説が囁かれるなど、まだ謎が多い現象だ。

◀再現イラスト。シャドウ・ピープルが出現するときは焦げた臭いや静電気に触れたときのような感覚があるという。

▲2006年、ネバダ州の教会で撮影されたシャドー・ピープル。周囲の人間は誰も気づいていないようだ。
◀詳細は不明だが、アメリカで偶然ウェブカメラに写ったシャドー・ピープル。

DATA　　　**Shadow Peple**
★北アメリカ　♠2006年ごろ
♣幽体離脱、異次元生物など

●道路を横切る怪生物　チリの小人UMA

◀怪生物の拡大。華奢な体のわりに頭が大きい。▼手前の騎馬警官の背後を横切る謎の生物。

2004年5月10日、南米チリのコンセプシオンで撮影された写真に、偶然、謎の怪生物UMAが写り込んでいた。撮影者はゲルマン・ペレイラで、現地開催のお祭りを見物したときに、撮影した写真の1枚に問題の生物が写り込んでいたという。シャッタースピードが遅かったせいでピントがぼけているが、拡大してみると華奢な体のわりに、大きな頭なのがわかる。正体はチュパカブラではないかとも囁かれている。

異次元の未確認動物

●庭先を歩く怪生物　フロリダの小人UMA

2005年5月28日、フロリダ州ペンサコーラにある民家の庭先で、2本足で立って歩く異様な姿のUMAが撮影された。撮影者はロバート・ジラード(仮名)といい、ドライブ中に何気なくこの民家を撮影し、そのまま帰宅して画像をチェックしたときに、初めてこの怪生物の存在に気づいたのだという。拡大してみると、獣のようにあごが突き出ている以外は、人間のようだが、どう見ても体長は1メートルにも満たない。それ以上詳しいことは不明である。

▲フロリダ州ペンサコーラの民家に現れたUMA。

最強のUMA図鑑

● エイリアンUMA ## フラットウッズ・モンスター

2009年6月20日、メキシコ国際空港付近の空に、まるで「フラットウッズ・モンスター」の姿に似た、光り輝く物体が出現した。フラットウッズ・モンスターとは1952年にUFOとともにアメリカに現れた未知の怪物である。怪物の顔は赤く、フードをかぶっていたのだ。メキシコ上空に現れた怪光が同種とは断定できないが、似たものが同年8月にモスクワ上空でも撮影されている。

DATA　　　Flatwoods monster

★アメリカなど　♣エイリアン・アニマル
♠1952年目撃／3メートル

▼2009年6月20日、メキシコで撮影された光り輝く怪物体。その姿はフラットウッズ・モンスターに酷似していた。

◀アメリカ、ウエストバージニア州フラットウッズに出現した、3メートルを超すモンスターの再現イラスト。

●アパートの黒い影　ボストンの妖怪

　2007年7月22日、アメリカ、マサチューセッツ州ボストンで怪生物が写真に写った。アパートに住むマイク・ヴァレリーが偶然裏庭のデッキを撮影した画像に、首をかしげたような格好で直立2足歩行する生き物が写り込んでいたのだ。ヴァレリーの家族が住むこのアパートでは、以前から壁をガリガリ引っ掻く音が聞こえたり、室内に黒い影が現れるなどの怪現象が起きていたのだ。この生物が原因か？　だが、写真の公表後、怪現象は収まったという。

▶拡大すると頭が異様に大きい奇怪な生物がはっきりと見える。
▶写真の右下、柱の脇に小さな生き物が立っている。

●超能力動物　テレパシーUMA

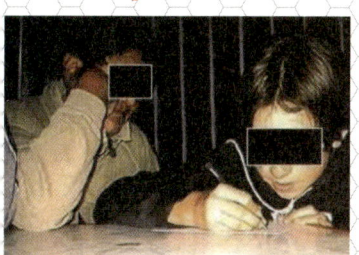

　2002年1月12日、南米チリ北部のカラマ地区に出現したテレパシーで意思を伝える怪物。サン・ラファエル村に住むジーン少年が、逃げだしたペットのヘビを友人のネルソンと捜しにでかけたときのことだ。野原に行くと前方で威嚇するように2本の後ろ足で立つ見たこともない動物がいた。ネルソンが近づくと、動物の体はボーッと光り周囲を照らした。すると、ネルソンの頭の中に直接、「見るな、行け！」と声が響いた。恐ろしくなった2人は急いで家に逃げ帰った。エイリアン・アニマルかもしれない。

◀ネルソンが描いた怪生物のスケッチ。手には水かきがあった。
▶奇妙な体験をしたネルソンとジーン。

異次元の未確認動物

最強のUMA図鑑

●コンパス形の怪生物 ナイト・クローラー

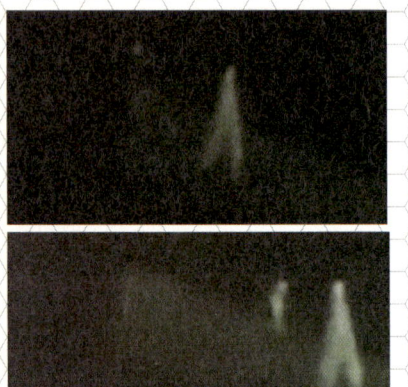

　2011年3月28日の深夜2時ごろ、アメリカのヨセミテ国立公園で奇妙な影が監視カメラに写りこんでいた。それがこの道路を歩く大小2体のクリーチャーである。1体はまるでコンパスのような形をしており、ゆっくりと歩いてくる。すると後ろから、同形の小型クリーチャーがついてくる。まるで親子のようだ。夜間であるにもかかわらず姿が見えるのは、蛍光のような体表の特性らしい。未確認動物、あるいはET・異星人だったのかもしれない。

▲2011年3月に出現したナイトクローラー。

●霊的異星人● レプティリアン・オーブ

　レプティリアンといえば、爬虫類型の異星人のことだが、この地球上でレプティリアンを彷彿とさせる光球＝オーブが撮影されていた！　場所はアメリカ、ユタ州の南西部で2009年8月ごろに撮影された。撮影者は匿名だ。オーブといえば円形の光球が一般的だが、この強調された写真を見ると、確かに色といい形状といい、爬虫類人のようだ。レプティリアンは実体をもたない異次元生命体として、地上にはびこっているのだろうか？

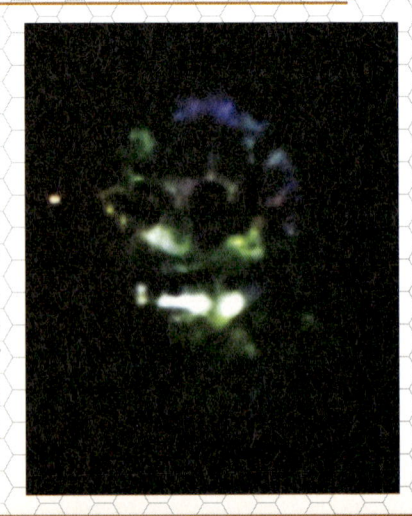

● 怪奇モンスター ●
インドネシアの怪人

　2009年6月23日、インドネシアで怪物が映り込んだ動画がインターネット上に公開され、たちまち話題を呼んだ。そこはアパートのポーチ。少年がギターを弾きながら歌をうたっていると、背後から突如、手足が異常に長く、人の動きではないモンスターが這い出てくるのだ。カメラがその異常な存在に気がついたとたん、怪物はテレポートでもしたように消え去ってしまう。シャドーピープルか、はたまた霊的な存在なのか？

▲突如、闇の中から姿を現した奇怪極まりない怪人。

● 民家に現れた奇怪な生物 ●
ジョージアの怪物

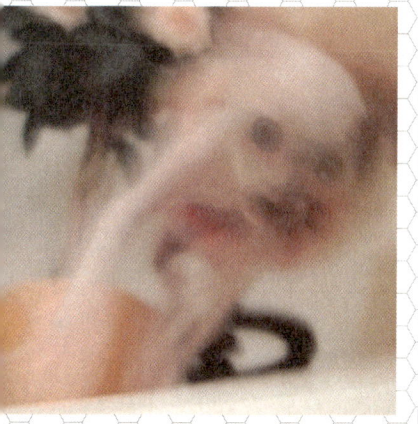

異次元の未確認動物

　2006年7月19日アメリカ、ジョージア州に住むメアリー（仮名）の家に現れた奇怪な生き物。その日の朝、壁を引っ掻く音が聞こえ、不思議に思った母親が調べようとすると、今度は家中から音が聞こえはじめた。メアリーと母親が恐怖で立ちすくんだことはいうまでもない。カリ、カリ、カリ……。音はいつの間にか、部屋のすぐそばまで迫っていた。メアリーが「棚のうしろに何かいる！」と叫んだとき、母親はとっさにデジカメのシャッターを切ったという。

▲毛がなく手足が長い小型の生物。エイリアン、あるいは異次元生命体なのだろうか？

最強のUMA図鑑

●謎の発光体● ライト・ビーイング

　場所はアメリカ国内というだけで詳細な情報が明らかにされているわけではないが、2007年7月、肉眼では見えなかったはずの謎の発光体が撮影された。画像提供者によれば隣人が愛車のスナップを撮ったところ、後日、奇妙な光が写り込んでいるのに気がついたという。大きな耳に、両手両足が見える。妖精か、異次元から侵入してきた未知の存在か、はっきりしたことはわからない。

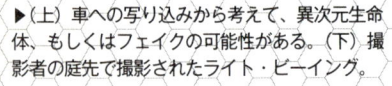

▶（上）車への写り込みから考えて、異次元生命体、もしくはフェイクの可能性がある。（下）撮影者の庭先で撮影されたライト・ビーイング。

●炎の天使● ファイアー・エンジェル

　ホンジュラスをはじめとする中南米で目撃が相次ぐ神秘的な現象がある。それが「ファイアー・エンジェル（炎の天使）」と呼ばれるもので、羽の生えた天使のような炎の塊が映像に撮られているというのだ。この火の玉は、空中を舞い、火が消えるようにスーッと消えてしまうのが特徴である。まるで意思をもった生物のようで、炎の周りを滑空する姿は、まるで精霊のようでもある。

▶南米に降臨したファイアー・エンジェル。ホンジュラスではキャンプファイアーの最中に出現した。

●肉食発光体 プラズマ生命体

2010年4月、イギリス、シュロップシャー州の農場でオレンジや赤色に脈動する発光体が撮影された。同地では家畜が惨殺される被害が相次いでおり、このプラズマ生命体の仕業と考えられている。

DATA
★イギリス、シュロップシャー州
♣プラズマ　♠1977年ごろ目撃

▲被害にあった羊。▶イギリスで2010年4月に撮影された2つのプラズマ生命体。

●おしろいを食べて増殖する ケサランパサラン

タンスの奥にしまっておくと、その家に幸せをもたらす。そんな伝承が東北地方を中心語り継がれている。不意に空中から舞い降り、おしろいを食べて増殖するというが、この白い毛の塊は、実体がはっきりしない謎の物体だ。動物か、植物か、鉱物か、あるいは菌類なのか。東北地方の旧家の一部には、娘を出すとき、これを母から娘へと小分けする風習があるという。もし見つけたら、大事に保管しておきたくなりそうなUMAだ。

▲ある女性のケサランパサランは17年間のあいだに5個だったのが、8個に増殖していた。

異次元の未確認動物

最強のUMA図鑑

●怪奇の霊体● 人面オーブ

　オーストラリア在住のポール・コクランの家には夜な夜なオーブ現象が頻発するという。そこでビデオ撮影してみると、なんと人面のオーブが写っていた。エイリアン的な生命体かもしれない。

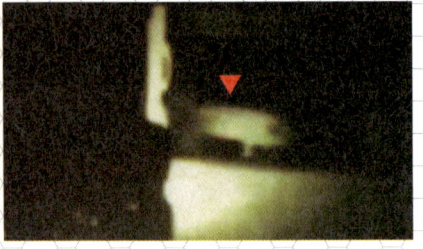

▲ポール・コクランの自宅。映像には緑色に光るオーブが。▶人面オーブのアップ。

DATA
★オーストラリア　♣霊／異星人
♠1996年／約50センチ

▼（上）電線に引っかかったマナナンガルの死骸とされるもの。（下）動画サイトで公開された無気味なマナナンガルの顔。

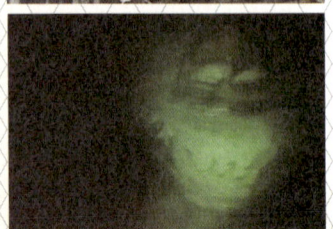

●暗闇の魔女● マナナンガル

　マナナンガルとはフィリピンに伝わる魔女である。昼間は普通の人間の姿をしているが、夜になると上半身だけを切り離して飛び去り、幼子を襲うという恐るべき怪物だ。小さな隙間があればどこでも入り込むとされ、妊婦のへそから、胎児を吸い出すことすらあるといわれる。

　2007年11月12日には、インターネット上で歯をむきだしにした奇怪なマナナンガルらしき怪物の映像が公開された。夜の廃墟を訪れた男女が、暗闇でこの魔女に遭遇したというのだが、真偽のほどは確かではない。

●幽霊か未知の存在か 透明人間

本書は未確認動物がテーマだが、超常現象的な未知生物＝透明人間もご紹介しておこう。2009年3月9日、旅行でイギリスのヨークシャー州を訪れていたコリン・フォスターはデジタルカメラで数枚の風景写真を撮った。その後、家に帰って写真を見ると、一枚の写真にこの透明な人型が写っているのに気がついた。写真を分析した人物によれば捏造の可能性は低いという。はたして、幽霊か、あるいは透明人間が実在するのだろうか？

▲フォスターが撮影した問題の写真。

異次元の未確認動物

●異次元生命体!? 空飛ぶエイ

2006年6月10日、カナダ、ブリティッシュコロンビア州の民家にエイに似た奇妙な飛行生命体が現れた。エイは撮影者に気づくこともなくフワフワと漂っていたが、出現したときと同じように突如、姿を消したという。異次元生命体か、単なる光の反射か？

DATA
- ★カナダ ♣UFC
- ♠2006年／全長約1メートル

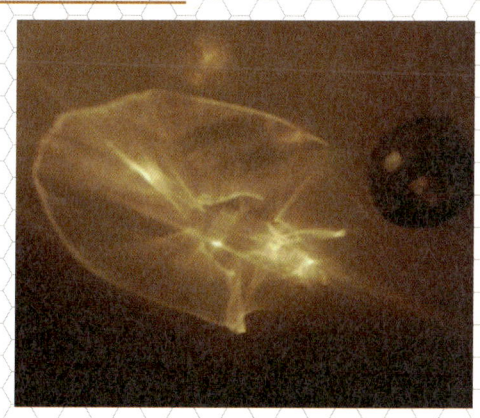

▲室内の天井近くをフワフワと飛び回る謎の生命体。エイやクラゲに姿が似ている。

最強のUMA図鑑

●異界の住人● 妖精

　人類は太古からわれわれとは違う「未知の住人」がすぐ隣りにひっそり息づいていると感じてきた。そのひとつが妖精である。実在説の例としては、コティングリーの妖精写真が有名だが、残念ながら懐疑的な見方も多い。だが、現代においては今も妖精の写真は撮られつづけている。羽が生えていて、大きさは10～20センチほど。やはり彼らは実在するのかもしれない。

▶（上）2007年、ロンドン南部で撮影された光る妖精。（下）2008年12月にコネティカット州で偶然撮影された小さな妖精。3～5センチほどか。

▼ローマ、バチカンにある聖ペテロ大聖堂内で撮られた「天使」の写真。

●聖堂内を飛ぶ光● 天使

　天使は実在するのか？　そんな写真が撮影されたのは、2007年3月31日。場所はバチカンの聖ペテロ大聖堂である。窓から差し込む逆光のため、通常であればレンズフレアとも思えそうだが、形状のみならず、撮影された場所も含めて「守護天使が舞い降りたのではないか」というのだ。撮影者は、窓から差し込む美しい聖堂内の様子を写真に撮ろうと思っただけで、天使の姿までは肉眼では目撃していないという。やはり、次元が異なる存在が、われわれのすぐ隣りにいるのかもしれない。

第9章 空のUMA事件

怪鳥が人間に襲いかかり、
翼のはえたネコが空を飛ぶ!?
空にまつわる未確認動物たちの
奇妙な事件やデータを紹介！

ローンディール事件

1977年7月26日、アメリカ、イリノイ州の小さな町ローンディールで、信じがたい事件が発生した。なんと、巨大な鳥が子供をさらおうとしたのだ。

同町に住むマリーン・ローくん（当時10歳）が、2人の友だちと自宅の裏庭で遊んでいたときだった。突然、グロテスクで"巨大な怪鳥＝ビッグバード"が2羽、3人めがけて飛んできた。1羽がローくんめがけて接近、その鋭いカギ爪でローくんの背中をつかむや、空中に持ち上げたのだ。

地上60センチくらいまで持ち上げられたローくんは激しく抵抗し、もがくとビッグバードは少年を放り出して上昇していった。この光景を目撃していた母親のルース夫人によれば、ビッグバードの体長は人間ほどで翼長3〜4メートル、首に白く光るリング状の模様があったという。

「未知の鳥としか思えない……」

シカゴ科学アカデミーのウィリアム・ビーチャ博士は、後日事件を伝え聞き、こう見解を述べた。というのも、鳥が体重30キロもの人間をつかみあげるなど、ありえないからだ。現存する最大の鳥、コンドルの体重はせいぜい9キロ。自分の体重より重いものは持ち上げられないし、人間を襲ったりもしない。ビッグバード＝ハゲタカ説も出たが、ハゲタカは死骸にしか群がらず、足も物をつかみ上げられないので否定された。

ローくんの事件後も、7月28日と29日、そして30日と謎のビッグバードの出現が続き、多くの人々を驚かせた。29日のときには、1羽が子ブタをぶらさげていたという。だが8月24日の目撃を最後にビッグバードはプッツリと消息を絶ったのである。

目撃者の話を総合すると、ビッグバードは体長2〜3メートル、翼長は3〜4メートルを優に超えようかというワシかコンドルに似た巨鳥だった。頭部は毛がなく、首はS字形に曲がっていて「前世紀の鳥」のようだったという。

こうした証言からその正体は、ハゲワシ、あるいはコンドルの仲間で1万年前に絶滅したとされる「テトラニスコンドル」説が浮上。最大翼長5メートル、推定体重20キロというこの巨鳥が、アメリカ大陸の大自然の中で密かに生き続けているのかもしれない。

空のUMA事件

プテラノドン生存説

　1932年、アメリカの動物学者アイヴァン・サンダーソンが中部アフリカ、カメルーンのアスンボ山中の渓谷地帯で、長いくちばしと鋭い歯をもつ怪鳥に襲われた。川に逃れたサンダーソンは拳銃を打って追い払った。
「翼長は3・5メートルくらい。長いくちばしをカチカチ鳴らして急降下してきた。原住民がコンガマトーと呼んでいるものだった」
　後年、サンダーソンは著書に、そう記している。
　コンガマトーとは、カメルーン、ケニア、コンゴの山岳地帯に生息するという人間を襲う凶暴なUMAで、その正体は太古の翼竜プテラノドンか、ランフォリンクスだと考えられている。1956年には、エンジニアのJ・P・F・ブラウンが、ザンビアのバングウェウル湖付近で、コンガマトーを目撃している。
　近年では、1975年2月、米テキサス州サンアントニオで、車で走行中の女性教師3人が、2羽の翼竜を目撃。その後も3月、さらに1976年1月、1977年には翼長6メートルの翼竜が出現。
　テキサス州とメキシコ州の国境にあるレオ・グランデ渓谷でも目撃が多発。襲撃されてケガ人まで出ている。
　1983年9月、再びテキサス州に出現。ロス・フェレノスのハイウェイ上を通過していった。

◀アフリカの沼沢地帯に出現するというコンガマトーの想像イラスト。この地球にはまだ、「失われた世界」が存在するとでもいうのだろうか？

▲コンガマトーの再現イラスト（イラストレーション＝藤井康文）。

「まるで太古から甦った翼竜を見ているようだった」

と目撃者は語っている。

ついで1986年、アメリカとメキシコの国境付近に、プテラノドンそっくりの巨大な翼竜が現れた。住民たちによれば、2〜3羽くらいが生息しているらしい。

そして今、翼竜活躍の舞台はパプアニューギニアに移っている。2001年以降、ニューギニア島とブリテン島の間に浮かぶウンボイ島を中心に「ローペン」と呼ばれる空飛ぶUMAが多発しているのだ。イギリスの動物学者カール・シューカー博士は、目撃証言やスケッチから、その正体をプテラノドンとランフォリンクスの2種類だと考えている。

なぜ、絶滅したはずのプテラノドンやランフォリンクスが、現代に現れたのか？

太古に生み落とされた翼竜の卵が、仮死状態のまま地中で生きつづけた。それが、雷の直撃などで甦った、という未知動物研究家たちによる、まるでSF映画まがいの仮説もある。

空のUMA事件

最強のUMA図鑑

モスマンの呪い

　1966年から1967年にかけて、アメリカ、ウエストバージニア州ポイント・プレザントを中心に、全身褐色または灰色の体毛に覆われ、背中に大きな翼、頭も首もなく、胸のあたりに赤くギラつく目をもつ怪物が出現。その奇怪な姿から「モスマン=蛾男」と呼ばれ、人々を震撼させた。

　1966年11月15日、ロジャー・スカーベリー夫妻が乗る車が飛翔するモスマンに追いかけられるという恐怖の事件が起きて世界中に打電されると、同地では次々とモスマン目撃が相次いだのだ。

　だが、1967年12月15日、帰宅ラッシュで混みあうポイント・プレザントへの入り口にあるシルバー・ブリッジという橋が、突然崩落。46名もの犠牲者が出た。不思議なことに回収された遺体は44体、残りの2体は結局発見されなかったのだ。

　この事件後から、モスマン事件の関係者が次々と不幸になったり、あるいはまた怪死するという事件が起こり、「モスマンの呪い」だと、人々を恐怖させた。

▲超常現象研究家として著名なジャーナリストのジョン・A・キール。▶目撃証言をもとに描かれたモスマン。頭と首がなく、胸に赤い目とおぼしきものが光っている。

▲1967年12月15日、シルバー・ブリッジは突然崩壊し、橋を走行中だった46台の車が凍てつく水中に飲み込まれるという痛ましい事故が起きた。これを機にモスマン騒動は終焉する。

　2002年、モスマン事件をベースにして話題を呼んだ、ハリウッド発の映画『プロフェシー(原題:The Mothman Prophecies)』でも、「モスマンの呪い」が発動されたのだ。音楽関係者をはじめ80名を超える製作関係者が、次々と不可解な事故死や理由もなく亡くなってしまったのだ。

「モスマンに関係する人々の人生は大きく変わるだろう」

　映画の原作者であり、実際に現地でモスマン事件を調査した超常現象研究家のジョン・A・キール(故人)が1975年の自著に残した言葉は、まるでその後の連続怪死事件を予測していたかのようであった──。

　モスマンの正体については、「エイリアン・アニマル説」が指摘されている。モスマンがUFO内に消えていく光景が目撃されているのと、モスマンの出現とUFOの目撃がしばしば符丁を合わせていたからである。

　そのモスマンらしき怪物は再び、ウエストバージニア州近辺で目撃されはじめている。もちろん66年から67年にいたるあの事件ほどの集中目撃は起きていない。だが、「モスマンの呪い」はまだ終わってないのかもしれない。

空のUMA事件

翼ネコ

　羽＝翼を持ったネコが存在する。1800年代からイギリスを中心に報告されている。さらにまた、実際にその翼で宙に浮かんだり、空を滑空したネコたちに関する記録も残っている。

　1905年、イギリスの天文雑誌「ザ・カンブリアン・ナショナル・オブザーバー」（35号）は、ノースウェールズにあるポイントサオシルトの学校上空を飛ぶ体長3メートルで4本の足と真黒な翼をもつネコに似た巨大な生物を紹介している。

　また1933年、同じくイギリスの「ザ・デイリー・ミラー」紙（6月9日付）は、やはり翼を持った大きな黒ネコが捕えられたことを報じている。そのネコは、鳥に似た翼をはばたかせ、床から梁へ飛び上がったという。動物園の園長が網で捕獲して調べると、なんと翼は肩の後ろではなく、後肢の真上にあたる腰から生えていたのだ。

　ついで1966年6月、カナダ、オンタリオ州アルフレッド村に翼を持った大きな黒ネコが出没。発見者に追われ、ギャーギャー吠えながら約30センチほど飛

▲1899年、イギリスのサマーセットで発見された翼をもつネコ。
（下）17世紀の修道士アタナシウス・キルヒャーが描いた悪魔的なネコ。古来、翼をもったネコは神秘的な存在だったのだ。

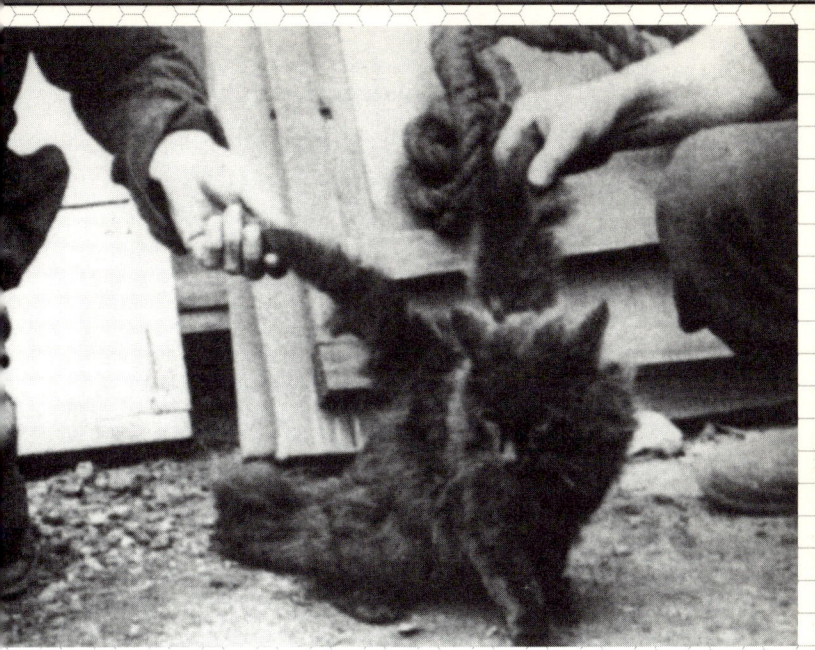

▲1975年、イギリスのマンチェスターの公園で捕獲されたネコ。

びあがり、空中を滑空し逃げたが射殺された。死体を検分したオンタリオ警察によれば、翼の長さは約35センチ、体重約5キロ。口から針のように鋭い牙が突き出ていたという──。

この事件を調査した超常現象研究家のジョン・キールは、「この生物は、ネコとコウモリの中間的な位置に存在する種だと思われる。そしていずれまた、必ずどこかに現れるだろう」と語っている。

実は翼を持ったネコは、神話や伝説のなかにしばしば登場する。多くは悪魔的生物として語られるが、その一方、エジプト、ギザにある大スフィンクスに代表されるように、世界各地にある翼ある神なり獣神像やそのレリーフが数多く残されている。

翼ネコというのは、古代の獣神たちに起因する「神族」で、その末裔が形を変えて、現代に出現しているのかもしれない。2008年から2009年にかけて中国四川省で、翼ネコが見つかり評判になったが、やがて空中を自在に滑空する"翼ネコ"が登場しそうである。

空のUMA事件

最強のUMA図鑑

エイリアン・アニマル

　UMAの正体をめぐる仮説のひとつに、「地球外からのモンスター＝エイリアン・アニマル説」がある。エイリアン・アニマルとは、地球外に起因する異常生命体の俗称である。

　典型的な実例が1973年10月25日、アメリカ、ペンシルバニア州グリーンズバーグで起きた。同夜、白色に輝く半球型UFOが現れ農場に着陸。この直後、異臭を放つ2体の毛むくじゃらの獣人が出現。農場のオーナーの銃撃にもビクともせず、赤ん坊のような泣き声に似た悲鳴をあげた森の中に逃げこんでしまった。現場からは3本指の巨大な足が発見され、サンプルとして石膏にとられた。

　2年後の1975年、この足跡を写した写真が、超能力者ピーター・フルコスの透視事件に使われた。写真が入った封筒に軽く手を触れたフルコスは、「これは大気圏外に由来するものだ」と確信に満ちた口調で答えたのだ。

　つまり、謎の獣人は異星から飛来したというのだ。

　このフルコスの発言で、ビッグ

◀モモの再現イラスト。▲現場に残されていた、長さ33センチの巨大な足型石膏。

▲1983年、米ミズーリ州で、銀色の服を着た宇宙人とおぼしき2体の小柄な生物がウシを円錐形のUFOに運ぼうとしていた。その作業を見守っている怪物はビッグフットにそっくりだったという。

フットの正体に関して、新たな視点が投じられた。またフルコスは、彼らは死ぬと灰となって散るため、痕跡が残らないとも指摘したのだ。くわえていえば、ミズーリ州の獣人「モモ」、オハイオ州の獣人「グラスマン」など、アメリカ東部地域の獣人たちもまた3本指で、なぜかUFOの出現とリンクして出現しており、フルコスの言にしたがえば、エイリアン・アニマルの可能性が高い。

1995年プエルトリコに出現して以来、アメリカ本土や南米にまで現れ、家畜を襲い、人々を陥れてきた吸血怪獣チュパカブラだが、最初の目撃があったカノナバス村には、1984年2月にUFOの墜落事件が起きている。

地元では、チュパカブラらしき怪物が島内に出没しはじめたのは、この墜落事件の後からだといわれている。その後も、UFOの出現と同時にチュパカブラが現れる事件が多発。チュパカブラもまたUFOから放たれたエイリアン・アニマルではないか、と推測されているのである。

空のUMA事件

フィリピンの淫獣アスワン

秘境の島、フィリピンのパラワン島には世にも妖しい女吸血鬼伝説がある。満月の夜になると出没するといって人々が恐れている。その名は「アスワン(アスワング)」。当地では土着信仰で語られる伝説的な存在で、男ばかりを襲うという習性がある。

伝えられるアスワンの体長は、1・5〜1・8メートル。鋭い爪を持っている。昼間は美しい人間の女性の姿をしているのだが、夜には顔がイヌのようになり、体はトカゲ。体毛が体じゅうを覆い、姿は妊婦のように大きく腹がふくれていて、コウモリに似た翼がはえて空を飛ぶ。そして人間の生き血をすするという。

血の吸い方が生々しい。ターゲットを見つけるなり、蛇よりも長い舌を差し入れて、人間の生き血を吸う。さらには、アスワンに影を舐められただけでも死に至ることがあるそうだ。

恐るべき淫獣アスワン——！

襲われるのは、伝説どおり、男性ばかりだ。2004年9月22日、フィリピン南部に住む農家の息子が巨大なコウモリのような怪物に襲われたが、ライフルを撃って追い払った。2005年8月12日、漁師のAは、遠くの空に大きな鳥ら

▲2006年に撮影されたアスワン。

▲2006年に撮影されたアスワンの拡大。

しきものを見た。奇妙な音が聞こえてきて悪寒が走った。それでも近づいてくるその怪物からなぜか目が離せない。"それ"が真上に来ると、Aは意識を失った。その後、Aは近くを通りかかった人に助けられ、一命を取り留めた。だが、診察した医師によると、大量に血液を抜かれていたという。

ジャングルに伝わる魔物の正体は、生活になじみのある闇の生物（コウモリ）だったり、手の施しようのない病（感染症）などが具現化したものとされる。たいていは、そうなのだろう。だが、アスワンという恐ろしい吸血モンスターはどうなのか？

たんに都市伝説モンスターなのだろうか。いや、そうともいい切れない。というのも、2006年5月21日午前2時すぎ、ナイトビジョンを搭載したカメラから民家の上空に出現したアスワンとみられる謎の巨大怪生物が撮影されているからだ。一見、巨大なコウモリのように見えるが、尖ったくちばしのようなものが見てとれる。別の画像には、屋根に降り立った1体も含めて2体の怪生物が写っている。

未知のUMAアスワン。その正体も生態もまったく不明である。

空のUMA事件

最強のUMA図鑑

Owlman

第10章
巨大獣データ

ジャングルの巨大アナコンダ、
人を襲う3メートルのカンガルー、
重力の制約を逸脱する
巨大な生物たちの事件を紹介！

ジャイアント・アナコンダ

　世界最大のヘビは「アナコンダ」だ、とされている。その大きさだが、通常のアナコンダは最大で約9メートル、例外的に約11メートルのものがいるという。だが、実際には超例外的に進化し、巨大化した「アナコンダUMA」が目撃されているのだ。

　2009年9月、中国遼寧省撫順市新賓満族自治県の作業現場で、体長約17メートルの巨大なヘビが捕獲されたが、これはアナコンダではなくて、年齢140歳くらいのアミメニシキヘビだったという。年齢を重ねることで巨大化していったのか不明だが、定説をはるかに覆す巨大なヘビが存在しているのだ。だが、ペルーではさらなる超巨大ヘビが現れている。

　1997年8月、アマゾンのジャングルで推定体長約40メートルの超大蛇が出現。サッカーに興じていた子供たちを驚嘆させている。ヘビは巨体をくねらせジャングルの木々を倒しながら、滑るようにして去っていったのだ。

　通報で大勢の大人たちが駆けつけてみると、サッカー場の地面の一部がえぐれて、トラックが通れるほどの道ができていた。

　ちなみに、ブラジルでは100年ほど前に、体長60メートルのボ

◀1990年9月27日、農夫を飲み込んだ体長10メートルのアナコンダ。
▶探検家パーシー・フォーセットが、アマゾンで1907年に遭遇したアナコンダ。体長は約18メートルだったという。

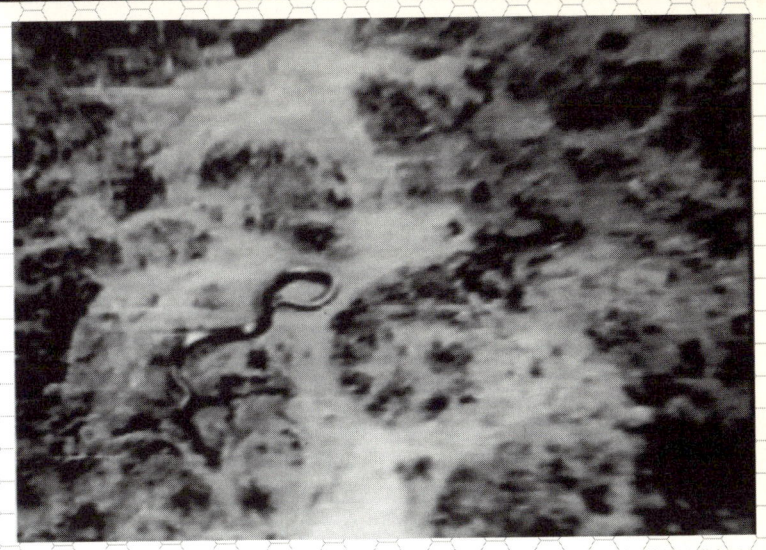

▲1959年8月、コンゴの南部上空を通過中のヘリコプターから撮影された巨大ヘビ。体長は推定で15メートルはあるという。アフリカには、これほど巨大なヘビは棲息していないはずなのだ。

アが捕獲されたという日本移民による目撃の記録があるし、1949年ごろには、ブラジル陸軍が体長約55メートルのアナコンダを、銃弾500発を撃ち込んで仕留めたという話も伝わっている。

　こうした記録をみると、全長10～30メートルのアナコンダは、むしろ小型で、それをはるかに凌ぐ超巨大なアナコンダが、まだまだジャング内のどこかに潜伏している可能性が濃厚になってくるのだ。

　しかし、ヘビとは、かくも巨大化するものなのだろうか。それがある。たとえば、水棲の生物は陸地ほど重力を受けないため、体が大きくなる傾向にあるという。だとすれば、特殊な環境な環境と条件さえ整えば、通常のアナコンダが、2倍、3倍にも巨大化する可能性だって十二分ある、ということになるのだ。

巨大ヘビ型UMAインカニヤンバ

1998年夏。南アフリカ、クワズール・ナタール州のインワブマとポンゴラ地区を、暴風が襲った。数千にのぼる住民たちが家を吹き飛ばされるなど被害に遭った。このとき、一部の住民たちが、雲の中を黒々とした巨大なヘビのような物体が飛び去っていくのを目撃したと主張。
「インカニヤンバのしわざだ!」
これを聞いた原住民ズールー族の古老たちは、そういって空を見上げ怖れおののいた。

伝説は、夏季、インカニヤンバが天空から舞い降りてきて嵐を起こす、と告げ、その姿は翼をはばたかせ天を翔け抜けていく巨大な"サーペント＝蛇"だと描写されている。古代の壁画には馬の頭とヘビの胴体を持つ怪獣と戦うズール族の戦士たちが描かれている。

インカニヤンバは伝説上の存在ではなく、同州の古都ホーウィックにある落差30メートルのホーウィック滝とその周辺の河川に出没するUMAである。巨大ウナギもしくは大蛇とおぼしき形態で、体色は茶褐色、推定体長は10～20メートル。肉食性で性質は凶暴、頻繁に居場所を変え、水路がつながっていれば、どこにでも出現するという。約40年前に、滝で遊んでいたズール族の子供たちのひとりが、突然、水中に引きずり込まれ沈んだままになっており、インカニヤンバのエサになったといわれている。

ホーウィック滝のすぐそばにあるキャンプ場の従業員ヨハネス・フロングウェインは、1974年と1981年の2度にわたってインカニャンバを目撃。頭はウマのようで、後頭部にはたてがみらしきものもあったと証言している。

1995年9月、インカニヤンバを撮ったという写真が世に出た。写真には確かに、水面から鎌首をもたげる巨大なヘビらしき生物が写ってはいるが、お世辞にも鮮明とはいえず、この写真をもとに正体を断定するまでにはいたらなかった。

インカニヤンバの正体は、「巨大ウナギ説」が主流だが、巨大といって体長1・5メートル。怪物にはほど遠い大きさで、所詮、その姿形はウナギでしかない。やはり、それとは別の巨大なヘビ型UMAが潜んでいるのではないだろうか。

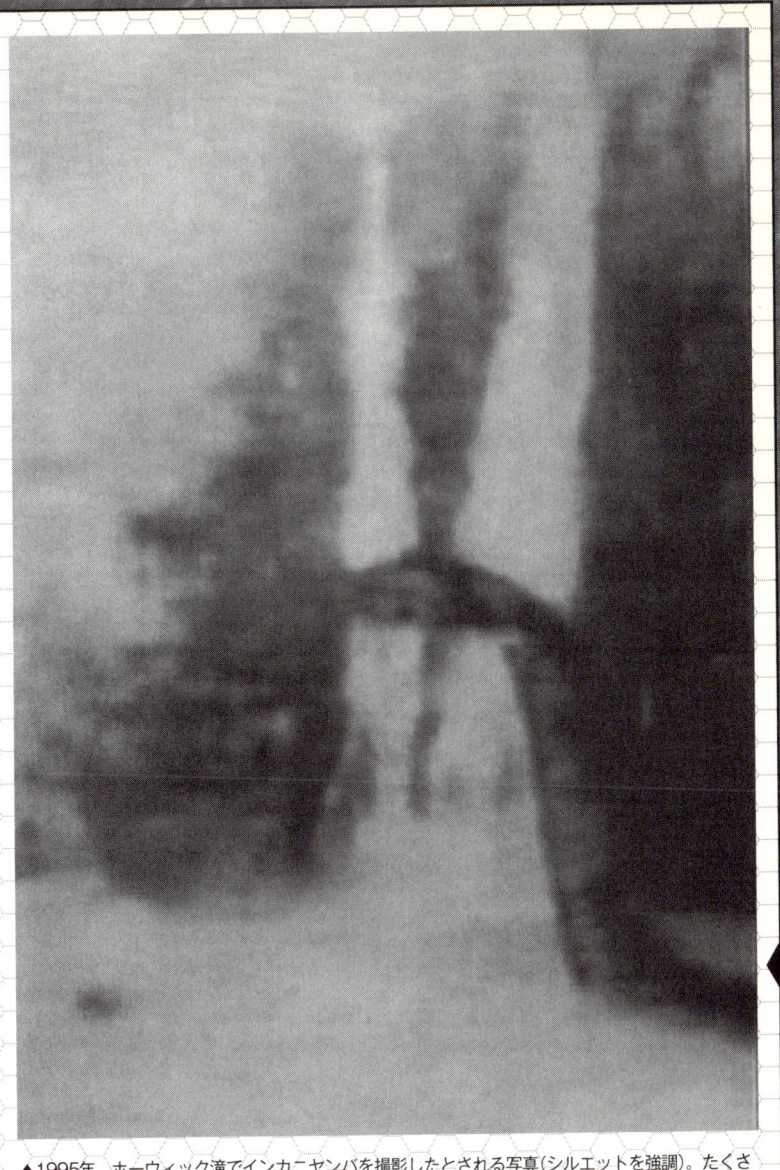

▲1995年、ホーウィック滝でインカニヤンバを撮影したとされる写真(シルエットを強調)。たくさんの信憑性の強い目撃がある一方で、写真の真偽については懐疑的にならざるをえない。

巨 大獣データ

ジャイアント・カンガルー

　1978年8月、イギリスの「デイリー・ミラー」紙が、動物学者たちを驚愕させる記事を報じ、衝撃的な写真を公開した。

　それによると、オーストラリア西部の都市パース在住の自然学者デビッド・マッギンリーが飼い犬を連れて、近所の藪を散歩していたとき、突然、目の前に体高3メートル近いカンガルーが躍り出た。太い前足を威嚇するように大きく開いて接近してきた。それはマッギンリーのすねよりも太く、爪の長さは約8センチ、胴まわりはマッギンリーの2倍はあったという。

　彼が手にしたカメラのシャッターを切ったとたん、カンガルーが襲いかかってきた。足を蹴りあげられ、爪でジーンズを破られ、足に噛みついてきたのだ。

　逃げようとしたマッギンリーだったが背中を蹴られてその場に押し倒されてしまった。さらに大きな足で背中を踏みつけられ、呼吸困難に陥った。意識が遠のきはじめたマッギンリーが死を覚悟したとき、なんと飼い犬がカンガルーの尾に噛みついた。

　驚いたカンガルーは、マッギンリーへの攻撃をやめて逃げ去り、マッギンリーは九死に一生を得たのだった――。

　現在、オーストラリア西部には、体重135キロを超えるとても大きな「ハイイロカンガルー」が棲息している。だが、マッギンリーを襲ったのは、そんな「並」の大きさではなかった。

　しかも、これまでの常識では、人間の足より太い前足をもったカンガルーなどは現存していない。カンガルーは本来、後ろ足と尾は非常に発達しているが、前足はそれに比べて極めて貧弱な動物なのである。

　では、この巨大カンガルーは、いったい何だったのか？

　今から10万年前まで、オーストラリア大陸には、プロコプトドンなど体長約3メートルにも達する「ジャイアント・カンガルー」が棲息していたという。マッギンリーが撮った写真に写っているのは、明らかに現存する種類のカンガルーではない。

　つまり彼を襲ったのは、その絶滅したジャイアント・カンガルーだった可能性が高いのである。

▲人間を襲ったという体長3メートルの巨大カンガルー。マッギンリーが撮影したこのカンガルーは、いまもまだ棲息しているのだろうか？

巨
大獣データ

最強のUMA図鑑

超巨大ブタ「ホグジラ」

　2007年5月3日、衝撃的なニュースが写真とともに世界中に配信された。アメリカ、アラバマ州で11歳の少年ジェイミソン・ストーンくんが、体長2・8メートル、体重約470キロもある巨大なブタをしとめたというのだ。

　ジェイミソンくんは、父親のマイクと狩猟ガイドふたりと同州東部の狩猟区域を歩いていたところ、くだんの巨大ブタを発見。50口径の弾丸を8発撃ち込んだ。

だが、それでもしとめることはできず、約3時間の追撃のはてに、ようやくとどめをさすことができたという。

　この巨大なブタは、「ホグジラ(Hogzilla)」と呼ばれる野生化した巨大なブタである。その名は、「ゴジラ(Godzilla)」と「ブタ(hog)を組み合わせた造語である。だが、そう呼ばれるにふさわしい巨大な怪物なのである。

　ホグジラが話題になったのは、

▲ジェイミソンくんが撃ち殺したホグジラ。ただし、後になって野生化したブタではなく、家畜だったことが判明した。

オーストラリアでしとめられたとして、インターネット上で公開された1枚の写真からだった。

あまりにもデカすぎるこの「野生ブタ」の写真は、デジタル加工された捏造写真として話題になってしまった。

ところが、実際に調査してところ2006年にパースのニューマン近郊にあるピルバ牧場で、写真が実際に撮影されたものであることが判明した。

さらに、このホグジラをしとめた男性はその牧場で働くジョン・アニックなる人物であることもわかったのだ。なんでも、死んだウシに食らいついているところを発見し、射殺したというのだ。

野生のブタは南北アメリカ大陸をはじめ、ヨーロッパ、オーストラリアなど、森林部を中心に棲息している。その数、推定数百万頭。超巨大なUMAへと進化したホグジラが、まだこの地球のどこかに潜んでいる可能性は、まだあるのではないだろうか。

▶（上）2006年、オーストラリアでしとめられた問題のホグジラ。（下）2008年にスロバキアデ捕獲されたホグジラ。3メートル以上はありそうだ。

巨大獣データ

巨大獣人UMAと巨人伝説

2005年11月、マレーシア南部のジョホール州の熱帯雨林内で、体長3メートルは優にあるヒト型獣人が目撃され、話題となった。その後、長さ60センチもの足跡も見つかり、体長4メートル近い獣人の棲息が示唆された。

ビッグフットやイエティは、形態からして人間にかなり近い。その正体は、かつて地球上に存在した巨人族の遺伝子を継承したUMAなのだろうか？

巨人がいた証拠もある。1986年12月、中米メキシコのシトラル火山付近で、身長3・5メートルの巨人の骨や周辺からはジャンボサイズの石器がいくつも出土。アリゾナ州でも1891年、墓から身長3・6メートルのミイラが発見された。

アフリカ、タッシリナジュールの先史時代の壁画には、「火星の神」と名づけられた身長6メートルの巨人が描かれている。オーストラリア大陸に最初に住み着いたのはアボリジニではなくて、巨人族だった。実際に長さ50～60センチの巨大な足跡が発見されている。足跡から推定される体長は3～4メートルだ。

『旧約聖書』にも、地球に降り立った巨人ネフィリムたちの記述がある。その身長は約3・5メートル。イスラエルの英雄ダビデが戦ったゴリアトも背丈が3～3・5メートル。手に百獣の王ライオンを抱くシュメールの英雄ギルガメッシュは、推定身長4メートルを超す巨人である。

伝説をさぐっていくと、超古代文明を築いたのが実はこの巨人族ともいうべき人々で、彼らこそが人類の祖だったことがわかる。

紙幅の都合で詳細は省くが、イギリスの宇宙考古学者レイモンド・ドレイクは、人類発祥の地は火星で、巨人たちが宇宙規模の激変で地球に逃げてきたという仮説を提示した。だが、大激変のすえに壊滅。大気も放射線も変化し、必要以上の宇宙線を浴びなくなったために、本来は長命だった巨人族は寿命も体形も現在のように変わりはてて矮小化し、人類の身長が2メートル以下になったという。ビッグフットなどの未知の獣人は、太古の化石人類の生き残りであるのはもちろん、一方で超古代文明の血を受け継ぐ末裔なのかもしれないというのだ。

▼シュメールの英雄ギルガメシュ。
彼もまた巨人であったという。

巨

大獣データ

●主な参考文献

「ムー」各号
『世界UMA百科』
並木伸一郎『世界UMA事件ファイル』
並木伸一郎『世界怪奇事件ファイル』
並木伸一郎『都市伝説UMA怪獣モンスター』
並木伸一郎『未確認動物UMA大全』
並木伸一郎『未確認動物UMAの謎』
　　　　（以上、学研パブリッシング）
並木伸一郎『モンスター・ショック』
並木伸一郎『スーパーUMA目撃ファイル』
　　　　（以上、竹書房）
並木伸一郎『世界UMAショック』（マガジンランド）
佐久間誠『UMA謎の未確認生物 科学的解析FILE』
　　　　（ウェッジホールディングス）
ジャン・ジャック・バルロワ『幻の動物たち』（早川書房）
Loren Coleman, *CryptoZoology A to Z.*
Loren Coleman, *Mothman and Other Curious Encounters.*
Linda S. Godffrey, *The Beast of Bray Road.*
Lex Gilroy, *Mysterious Australia.*
Bob Richard & John Michell, *Unexplained Phenomena.*
ISC Newsletter
Unexplained Mysterious the 20th Century
In the Wake of the Sea Serpents
Wildman: Yeti, Sasquatch and the Neanderthal Enigma
Serching for Hidden Animal
Out of the Shadows
Bigfoot Case Book
The Yeti
Mysterious Monster
Alien Animals　etc...

● 写真提供

並木伸一郎
ショーン・ヤマサキ
モッカ
上田真里栄
International Society of Cryptozoology
Fortean picture Library
Zoology Museum − Lausanne
Rex Gilroy
Mysterious Investigation Center
Scott Corrales
Loren Coleman
アフロ
ムー編集部

索引　※見出し語のみ

あ行
アスワング	190
アルマス	46
アメリカ・ツチノコ	67
イエティ	26
イエレン	30
イッシー	146
インカニヤンバ	142
インドネシアの怪人	209
ウクマール	28
エイリアン・ビッグ・キャット	68
エクスムーアの野獣	57
オウルマン	188
オゴポゴ	134
鬼	82
オヨ・フリオのUFC	196
オラン・ダラム	43
オラン・バティ	187
オラン・ペンデク	45

か行
カエル男	50
カクラト	124
ガーゴイル	200
カッシー	124
河童	78
烏天狗	81
キャメロン湖の怪物	132
吸血怪鳥	190
クジュラ	123
件（くだん）	80
クッシー	147
クラーケン	133
グラスマン	39
グロブスター	125
ケサランパサラン	211
コンガマトー	187

さ行
サスカッチ（ヴァンクーバー）	28
サハリンの野獣	120
サンダーバード	184
サンド・ドラゴン	71
ジェイコブズ・クリーチャー	22
シーサーペント	129
ジーナフォイロ	191
ジャージーデビル	185
シャドウ・ピープル	204
ジャノ	136
樹上のビッグフット	19
ジョージアの怪物	209
シルバースター山の獣人	34
人面オーブ	18
スカイフィッシュ	212
スカンクエイプ	38
ストーシー	144
スワンプ・モンスター	18
セルマ	120
空飛ぶエイ	213
空飛ぶ仏教僧	196

た行

太歳	75
タイの件	64
タウポ・モンスター	128
タスマニア・タイガー	58
タッツェルヴルム	59
多頭人	75
ダートムーアの野獣	56
タトラ山のイエティ	40
ターナーの野獣	58
チャンプ	126
中国の怪生物	60
チュバカブラ	62
チリの小人ミイラ	73
チリの小人UMA	205
ツチノコ	53
翼ネコ	202
ティティス湖の怪物	54
テレパシーUMA	207
天使	214
ドアルクー	123
ドイツのモスマン	198
透明人間	213
ドッグマン	49
ドーバーデーモン	51
トヨール	72
ドラゴン	202

な行

ナイト・クローラー	208
ナウエリート	122
ナブー	139
ナリーポン	73
ナンディベア	59
ニューネッシー	140
人魚	84
ニンゲン	138
□ヌゴイ・ラン	46
ネスキー	127
ネッキー	128
ネッシー	130
ネッシーの牙	148
ノビー	29
ノーム	57

は行

バウォコジ	191
剥製モンスター	64
爬虫類人型UMA	54
バッチカッチ	188
ハニー・スワンプ・モンスター	33
バヒア・ビースト	35
バロン山の獣人	32
バンイップ	71
飛行棒	192
ビッグバード	201
ビッグフット	20
ビッグフット（オクラホマ州）	23
ビッグフット（クリミア山中）	18
ビッグフット（ニューヨーク州）	43
ビッグフット（ミネソタ州）	24
ビッグフット（ワシントン州）	23

ビッグフットの頭	45
ビッグフットの手	76
ビッグフットのミイラ	31
ビッグマン	18
ヒバゴン	41
ファイアー・エンジェル	210
フィア・リア・モール	52
フォウク・モンスター	35
フライング・サーペント	197
フライング・ストリング	195
フライング・ヒューマノイド	199
フライング・ホース	195
ブラクストンの怪物	50
プラズマ生命体	211
フラットウッズ・モンスター	206
ブルードッグ	66
ブレイ街道の怪	48
ブレッシー	150
ブロスニー	147
フロリダの小人UMA	205
ベア・ウルフ	47
ベッシー	148
ペドロ山のミイラ	74
変形生命体	198
ボウネッシー	149
ホークスベリーの怪物	143
ボストンの妖怪	207
ホラディラ	127
ホワイト・ビッグフット	40

ま行

マナナンガル	212
マーリーウッズの怪	48
マンデ・ブルング	32
マンティコア	60
マンバット	200
ミゴー	136
ミニネッシー	132
ミネソタ・アイスマン	42
メキシコの黒い影	56
メテペック・モンスター	70
メンフレ	143
モケーレ・ムベンベ	137
モノス	44
モンキーマン	44
モンゴリアン・デスワーム	65
モンタナ・ビースト	47
モントーク・モンスター	61

や行

ヤギ男	52
UFC	194
有翼の肉食哺乳類	184
ユニコーン	25
ヨーウィ	36
妖精	214

ら行

雷獣	80
ライト・ビーイング	210
リザードマン	55

龍	81
ルクセンブルクの野人	24
ルーマニアの獣人	39
レイ	120
レイクサンド・ネッシー	139
レインボーロッド	192
冷凍ビッグフット	31
レプティリアン・オーブ	208
ローペン	186

わ行
ワンパスキャット	67

並木伸一郎

1947年東京生まれ。早稲田大学卒・電電公社（現ＮＴＴ）勤務ののち、奇現象、特にＵＦＯ問題の調査・研究に専念。海外の研究者とも交流が深く、雑誌・テレビなど幅広く活躍している。米国ＭＵＦＯＮ日本代表、国際フォーティアン協会日本通信員、国際未知動物学会日本通信員、日本宇宙現象研究会会長などを務めている。著書および監修書に『超古代オーパーツFILE』『未確認動物ＵＭＡ大全』『宇宙人の謎』など多数ある。

【決定版】最強のUMA図鑑

2011年 6月 7日 第1刷発行

著　者	並木伸一郎
発行人	土屋俊介
編集人	新井邦弘
デザイン	有限会社 青橙舎
編集担当	牧野嘉文
発行所	株式会社 学研パブリッシング 〒141-8412 東京都品川区西五反田 2-11-8
発売元	株式会社 学研マーケティング 〒141-8415 東京都品川区西五反田 2-11-8
印刷・製本	岩岡印刷 株式会社

この本に関する各種のお問い合わせ先
【電話の場合】
○編集内容については　03-6431-1506（編集部直通）
○在庫、不良品（落丁、乱丁）については　03-6431-1201（販売部直通）
○学研商品に関するお問い合わせは下記まで。
　03-6431-1002（学研お客様センター）
【文書の場合】
　〒141-8418 東京都品川区西五反田2-11-8
　学研お客様センター『決定版 最強のUMA図鑑』係

©Shin'ichiro Namiki 2011 Printed in Japan
本書の無断転載、複製、複写（コピー）、翻訳を禁じます。

複写（コピー）をご希望の場合は、下記までご連絡ください。
日本複写権センター　03-3401-2382
Ⓡ＜日本複写権センター委託出版物＞